二十世纪前半叶中国农业与生物类学会历史考略

——以中央大学和金陵大学为主线

董维春　刘晓光　朱世桂　袁家明　高俊　编著

中国农业出版社

北京

图书在版编目（CIP）数据

二十世纪前半叶中国农业与生物类学会历史考略：
以中央大学和金陵大学为主线 / 董维春等编著 . —北京：
中国农业出版社，2022.8
ISBN 978 - 7 - 109 - 29824 - 8

Ⅰ.①二… Ⅱ.①董… Ⅲ.①农业－学会－研究－中
国－20 世纪②生物学－学会－研究－中国－20 世纪 Ⅳ.
①S - 26②Q - 26

中国版本图书馆 CIP 数据核字（2022）第 146843 号

中国农业出版社出版
地址：北京市朝阳区麦子店街 18 号楼
邮编：100125
责任编辑：武旭峰
版式设计：杨 婧 责任校对：吴丽婷
印刷：北京中兴印刷有限公司
版次：2022 年 8 月第 1 版
印次：2022 年 8 月北京第 1 次印刷
发行：新华书店北京发行所
开本：787mm×1092mm 1/16
印张：6.75
字数：135 千字
定价：48.00 元

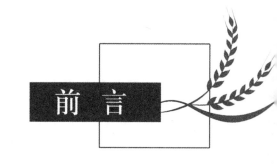

前　言

在清末洋务运动影响下，中国近代高等教育体系逐步建立，高等农业教育的主要形态为农务学堂，但现代农业与生物科学在近代中国系统化、规模化的传播，基本上始于 20 世纪 20 年代。在国家羸弱、战争频仍的近代，一批庚子赔款留美学生心怀"欲富强其国，先制造其科学家是也"的科学救国理想，在 1915 年初创办的《科学》(Science) 杂志社基础上，同年 10 月 25 日在康奈尔大学创办了中国科学社 (The Science Society of China)。[①] 核心社员归国后陆续汇聚于南京，以南京的三所涉农高校为中心，通过成立现代农业类系科、研究所、学会和发行学术期刊等多种形式，以强烈的责任感和使命感，为提升民族科学素养做出了积极贡献，促进了清末农务学堂办学模式向现代农业科学教育模式的转型。

20 世纪初至 1927 年，南京有三所涉农高校：一是创办于 1902 年的三江师范学堂，是国立中央大学的主要前身，其农科沿革为三江师范学堂和两江师范学堂农学博物科 (1902)、南京高等师范学校农业专修科 (1917)、国立东南大学农科 (1921)、国立第四中山大学农学院 (1927) 和国立中央大学农学院 (1928)。二是创办于 1910 年的私立金陵大学，其农科沿革为私立金陵大学农科 (1914)、私立金陵大学农林科 (1916) 和私立金陵大学农学院 (1930)。三是 1912 年更名的江苏省立第一甲种农业学校，其前身为储材学堂、江南高等学堂和江南高等实业学堂，1927 年在江苏九所公立学校合并时并入国立第四中山大学农学院，是国立中央大学农科的另一起源。1928 年后，三所涉农高校演变成两个相对稳定的农业教育机构，即国立中央大学农学院和私立金陵大学农学院。1952 年全国高校院系调整时，这两所农学院合并并调入其他大学农学院部分系科成立南京农学院和南京林学院。本书将国立中央大学农学院及其两个农科前身统称为中央大

---

① 任鸿隽：《中国科学社社史简述》，《中国科技史料》，1983 年 3 月，第 2 页。

学农学院，并以中央大学农学院和金陵大学农学院为主线，介绍 20 世纪前半叶（即民国时期）农业与生物类学会的骨干人物和主要活动。

中央大学农学院和金陵大学农学院的早期学术领袖，主要毕业于康奈尔大学等美国著名大学，如过探先、邹秉文、邹树文、胡先骕、秉志、罗清生等，是中国现代农业与生物类学科的重要创始人。他们将美国农业教育、科研与推广"三位一体"的农学院办学模式进行了中国化，创办了中国第一个四年制农业本科教育（1914），提出了"农科教结合"的办学思想（1917），率先开展了农科研究生教育（1936）；参与了中国农业教育与科研推广体系的全国规划和联合国粮农组织（FAO）的筹备；将现代农业科学引进并传播到中国，创造了很多中国第一。在 1949 年前约半个世纪的办学历程中，形成了五条重要的办学经验：中西融合、三位一体的办学理念，文理并重、相对综合的学科结构，世界眼光、中国情怀的学术领袖，国家急需、经世济民的科研选题，开放交流、兼容并包的社团文化。①

从 1917 年开始，以中央大学农学院两个前身和金陵大学农学院三个涉农教育机构师生为主要组织者或骨干，先后在中国成立了 10 个农业与生物类学会（以下简称为十大学会），②包括 1917 年 1 月 30 日成立的中华农学会（后称为中国农学会）以及当年成立的中华森林会（后称为中国林学会）；于 1928 年成立的六足学会，后扩展为全国性组织的中华昆虫学会；于 1929 年春在南京成立的中国园艺学会；于 1929 年在南京成立的中国植物病理学会；于 1933 年在重庆中国西部科学院成立的中国植物学会；于 1934 年在江西庐山莲花谷成立的中国动物学会；于 1936 年 7 月在南京成立的中国畜牧兽医学会；1948 年在美国发起的中国农业工程师学会；以及 1945 年 12 月 25 日在重庆北碚成立的中国土壤学会。这十大学会是我国现代农业科学发展的亲历者和推动者。

十大学会组织经过发展壮大，集聚一大批学术领域的业务骨干，引领着各自领域内的学术研究活动，产生了巨大的科学和社会影响。本书希望通过文献档案等史实资料，呈现它们创立的历史背景，还原学会在当时的学术作用，梳理它们近现代发展历史，真实叙述中国农业与生物类学会的成立发展，从而反映和丰富

---

① 董维春：《研究生院建设促进高水平研究型大学建设——纪念南京农业大学研究生院建院二十周年》，《中国农业教育》，2020 年第 3 期。

② 袁家明、卢勇、董维春：《中央大学农学院若干重要史实研究》，《中国农史》，2017 年第 4 期。

社团组织、南京地区高校的历史文化，以及近代农业和生物领域的科学技术在我国的传播研究等，以期对当今学会和高等教育的改革和发展有所借鉴。

历史研究是去芜存菁、去伪存真的过程。本书在编著过程中，收集的历史资料来源较为多元，有当事人的回忆录或自述，有历史档案文献，也有当代学者的部分研究。对这些资料的整理和分析，可能会有所遗漏，错误也在所难免。随着史料的丰富，今后仍然会有新的资料补充进来，希望学界同行不吝指正！

董维春

2021 年 10 月

目 录

前言

第一章

十大学会创立的历史背景

中华农学会（1917）、中华森林会（1917）、中国园艺学会（1929）、中国植物病理学会（1929）、中国植物学会（1933）、中国动物学会（1934）、中国畜牧兽医学会（1936）、中华昆虫学会（1944）、中国土壤学会（1945）、中国农业工程师学会（1948），这些农业和生物类学会成立的时间主要集中在两个时间段。第一时间段：1917年至1927年中华民国成立初期，如中华农学会、中华森林会成立，标志着在新文化运动中现代农业科学在中国的早期引进与传播，主要集中于江浙、京冀和华南等区域，可以说是"赛先生"（Science）的农业科学版。第二时间段：大多学会集中成立于1927年至1937年，是民国时期各项事业发展的"黄金十年"，标志着在政府规划下高等农业教育与现代农业科学在更大范围内的扩散与普及，此期各省已相继建立了高等农业教育机构（主要为综合性大学农学院）和农业科研推广机构（农业改进所）。这两个时段的重要特征是，清末"洋务运动"催生的农务学堂办学模式已经系统性地向现代农业科学教育模式转型。

一、各学会创立时的社会经济状况

（一）1917年至1927年的社会经济状况

自鸦片战争以后，中国内忧外患逐渐加深。由于清政府的闭关锁国和腐朽统治，中国各方面都进入了倒退状态，各行各业都进入停滞不前的阶段。加之列强入侵，与清政府签订了一系列的不平等条约，"庚子赔款"等屈辱赔偿加重了人民群众的负担。

自中华民国成立以后，由于常年的军阀混战，自然灾害频发，广大人民群众依然生活在水深火热之中，民生凋敝，各行各业百废待兴。面对上述社会经济问

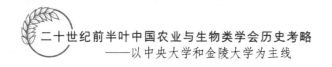

题，许多有识之士纷纷寻求"实业救国"的办法，进行了一系列的探索。

在思想方面，自"洋务运动"以后，许多有识之士倡导"西学东渐"等主张，积极引进西学，大量的知识分子和学者远赴国外求学，意在改变当时国内的困境。在社会层面上，由于第一次世界大战使得西方列强无暇东顾，国内有了相对稳定的社会环境，农、工、商各业都得到了一定的发展。在经济方面，以孙中山为首的南京临时政府颁布了一系列振兴民族工商业的政策法令，激发了国内民族资本家振兴实业的热情。农产品逐步商业化，丝绸、茶叶等成为我国的主要出口物资，一直占有很大的比重。然而在对外贸易方面，中国长期处于劣势，自清末民初以来，出口量日益减少。究其原因，主要为加工技术日益落后，无法与西方资本主义国家相竞争。

（二）1927 年至 1937 年的社会经济状况

1927 年至 1937 年，是民国时期社会发展的"黄金十年"，在这 10 年的时间里，经济迅速发展，国民经济增长率为旧中国的最高时期，增长率为 8.4%。[①]在政治、经济、基建、文化、教育、社会政策、边疆民族政策、外交、军事等领域上皆有一定成就。与此同时，农业也得到了较快发展。农村经济增长速度也得到了大幅度提高，截至 1936 年，农业增加值的增长率达 24.6%，年增长 0.9%。[②]粮食产量也在逐年增加，1936 年产量最多，粮食总产量为 277 400 万市担。[③]

在城市建设方面，孙科制订的《首都计划》的公布，[④]促进了近代中国城市建设的改革。作为当时首都的南京，在城市建设方面也取到了较大的发展，成为当时首屈一指的大都市，南京内城的基本格局和规划一直被沿用至今。在开展城市建设的同时也建立了许多现代化的大学，诸如国立中央大学（以下简称中央大学）等都在此时诞生，中国近现代农业科学日渐体制化。

世界近代科学体制化肇始于 17 世纪英国皇家学会的建立。农业科学社团的创建与中国近现代农业科学的体制化是紧密联系的。随着农业科学体制化发展，科学工作者以学会为媒介开展独立的社会活动，如以最新科学进展为主题进行聚

---

① 孙健：《中国经济通史》，中国人民大学出版社，1999 年，第 1074 页。

② 盛邦跃：《20 世纪 20—30 年代中国农村经济基本特征探讨》，《中国农史》，2002 年第 4 期，第 57 - 58 页。

③ 盛邦跃：《20 世纪 20—30 年代中国农村经济基本特征探讨》，《中国农史》，2002 年第 4 期，第 58 页。

④ 戎华、竺均：《孙中山改写南京"城市地理"中国最早的现代城市规划——〈首都计划〉》，《中华建设》，2009 年第 7 期，第 62 页。

会和交流讨论、创办刊物以及进行各种评议活动等,以此传播新发现与新思想,推广科学技术,推动社会发展。

社会经济的繁荣、农业产业的发展、近代城市规模化、大学建制化,促进了社团的发展。随着民国时期一批涉农科学家及其群体的出现,农界学人纷纷发起成立有关农学的学术社团,在中华农学会之后,其他学会团体陆续诞生,学术共同体建设渐入佳境。

二、各学会创立时实业救国的科技需求

(一)中国传统农业面临的困境

农业大约有 1 万年的历史。中国历来以农业立国,农为邦本,本固邦宁。民国时期,农业仍然是国民经济的支柱,国家赋税主要来源自农业:"吾国自古以农立国。今日全国人口 4 万万中,有 85% 业农,国家岁入,赖以供给海陆军费、教育费、实业费、行政费者,其总数 1/2 出于田赋"。[①]

中国的传统农业主要以铁器农具为主要生产工具,以人力和畜力为主要动力,精耕细作为主要的农业技术。这种传统的农业模式贯穿于中国几千年的历史之中,在有限的耕地基础之上养育了几亿的人口。近代以来,精耕细作的农业生产模式面临着极大的挑战。在这种传统农业的模式下,农民长期处于自给自足的状态,生产效率低下。人口的迅速增长加剧了土地的压力,人多地少成为当时重要的社会矛盾。人多地少导致了粮食供应不足,中国的粮食供应依赖于进口,粮食价格也不断上涨。

(二)西方近代农学理论和农业技术的引进

在辛亥革命和五四运动前夕,广大知识分子向往和追求"赛先生"(即科学,Science)和"德先生"(即民主,Democracy)的呼声不断高涨。面对上述的社会经济问题,中国的许多有识之士都意识到并认为引进西方现代农业科学技术是改变当时农业困境最行之有效的途径:第一,引进农业技术,核心内容是将其引入到传统农业技术中去,对传统农业技术进行改良。主要包括在选种育种、改良土壤和引进化学肥料、防治植物病虫害、畜牧科技和兽医科技、推广使用近代农机具等方面。第二,引进农学理论,主要体现在创办农业类刊物、创办农事试验

---

① 邹秉文:《中国农业教育问题》,商务印书馆,1923 年 5 月,第 1 页。

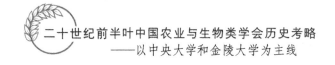

场、兴办农业教育、创办农学会、创立农业公司等方面。

自 1917 年至 1936 年，中国近代农业科学技术由初步发展时期转变为较大发展时期。[1] 在这个阶段，引进了大量的西方近代农业科学技术，建立了许多农业研究机构和农业院校，产生了大量的农学著作，培育出许多农业的新品种。

三、各学会创立时高等教育的进步态势

（一）国内学制的确立和高校的发展

民国政府成立初期，颁布了"壬子癸丑学制"，规定了学校的制度系统，近代高等教育逐步在中国建立起来。该学制将"癸卯学制"中的"学堂"均改为"学校"，"高等农业学堂"改为"农业专门学校"，"中等农业学堂"改为"甲种农业学校"，"初等农业学堂"改为"乙种农业学校"。[2] 高校、学生数量在逐年增多，逐步建立了一批新型的近代大学。

20 世纪 20 年代初，许多留美学生学成归国，将美国的学制和教学思想带回国，再加上新文化运动之后国内兴起学习西方教育思想的热潮，工业发展需要普及教育等，国内教育改革逐步开始。1922 年 11 月 1 日，"壬戌学制"正式颁布，标志着国内高等教育制度和学制正式确立，并一直持续到 1937 年抗日战争开始。民国政府教育部门根据美国大学制度，将国内大学教育学制改为 4 年。同时，办学体系逐渐丰富，私立高校可以与公立高校并存；加大了教育资金的投入，高等教育得到发展；完善了高校内部的院系结构和管理体系。

（二）农业高校的发展

农业的发展和改良离不开对农业人才的培养，农业高校是正式培养农业人才的地方。西方发达国家诸如美国、英国等都重视农业的发展，并建立农业类大学。引进和发展来自西方的现代农业学科是近代中国高校知识分子的宏愿，也是近代政府所重视的问题。民国时期，农业教育在高校教育中占有的比重较大。中国以美国农业教育为范本，建立起了许多新型农业高校。1927 年，全国有大学农科和专门农业学校 24 所，其中本科院校 14 所。[3]

---

① 张芳、王思明：《中国农业科技史》，中国农业科学技术出版社，2011 年，第 340 页。
② 包平：《二十世纪中国农业教育变迁研究》，中国三峡出版社，2007 年 12 月，第 27 页。
③ 周邦任、费旭：《中国近代高等农业教育史》，中国农业出版社，1994 年，第 55 - 56 页。

这一时期农业教育主要呈现以下几个特点：第一，重视农业人才的培养。第二，重视农业学科的建设，增加农业学科门类，建立起很多农业研究所。第三，逐步确立"农科教一体"的办学模式。例如中央大学农学院的前身国立东南大学（以下简称东南大学）的农科学校，上述特点特别明显。东南大学深受美国教育思想的影响，被当时的社会评为"第一所以模仿美国大学教育制度为蓝本创办起来的大学"，[①]"中国现代科学的大本营"。同时在学校任职的教师诸如校长郭秉文、农科主任邹秉文、生物系主任胡先骕等55人有留美背景，集结了一大批精英。在校长郭秉文的领导下，东南大学逐步确立了以教学、研究、推广为一体的办学模式，即"农科教结合"办学思想，[②]先后设立生物系、农艺系、病虫害系、园艺系、昆虫系等，培养了大量农业和生物学人才。

在"实业救国"的思想号召下，国家认识到"农实为工商之本"，农业鼎革与技术改良受到有识之士的积极支持，加之教育兴起，许多农业大学开始建立，中央大学农学院的前身南京高等师范学校农业专修科与东南大学农科就是其中的代表之一。农业改良、实业事业的发展迫切地需要建立一个各方相互学习和交流的学术平台和统一的社团组织。社会经济的发展、科技需求的日益迫切、农业教育培养的大批涉农学者日趋全面、广泛，当时还属于新生事物的学术团体组织受到各界认识、认可，逐渐深化，推动着以民国时期成立较早的综合性、群众性民间团体中华农学会为代表的农业和生物类学会，相继诞生。

---

① 张雪蓉：《以美国模式为趋向：中国大学变革研究（1915—1927）——国立东南大学为个案》，华东师范大学博士学位论文，2004年，第39页。
② 李二斌、卢勇、周献：《高等农业教育农科教结合办学思想的历史溯源及意义——"纪念邹秉文农科教结合办学思想100周年研讨会"会议综述》，《中国农业教育》，2019年第6期，第99-103页。

第二章

十大学会创始人及业务骨干

一、中华农学会

中华农学会在 1917 年 1 月 30 日成立于上海。中华农学会是中国成立最早的、以研究农业问题为宗旨的多学科综合性学术团体。[①] 过探先、邹秉文、陈嵘、王舜成、唐昌治、陆水范、梁希、许璇、孙恩麟等为主要的创办人。这些代表性人物中多数都是江浙地区农校的管理者，其中过探先、邹秉文、陈嵘、梁希等人都有中央大学农科两个前身的工作经历，有的是创办人，有的是参与相关工作后期成为骨干或学会领导人；他们大多从美国、日本留学回国。其中，具有代表性的人物是过探先、邹秉文、张謇、陈嵘、王舜成、许璇和梁希。

南京鼓楼原会址（1930）

中华农学会旧址

---

① 朱崇开、陈广仁：《科学共同体介绍——中国农学会》，《科技导报》，2011 年第 29 卷第 9 期，第 83 页。

1. 过探先（1886—1929）　江苏无锡人，农学家、农业教育家。1910年考取"庚子赔款"留美，先是进入威斯康星大学，后转入康奈尔大学学习农学。1915年学成回国，担任江苏省立第一甲种农业学校（以下简称江苏省第一农校）校长。1915年中国科学社在美国康奈尔大学成立时，他是其永久会员之一和农业股负责人。1915年回国时，他将中国科学社农业股先行带回中国，并独自撑持。1918年中国科学社整体回迁祖国，会址暂居上海大同学校。在20世纪20年代，他参与了东南大学农科和金陵大学农林科的

创办和管理工作。1921年，过探先被国立东南大学农科聘为教授，先后任农艺系主任、农科副主任和推广系主任。1925年，改任金陵大学农林科中方主任。[①]

过探先积极参与中华农学会的创建工作。1916年秋，时任江苏省第一农校校长的过探先与该校农科主任唐昌治[②]、林科主任陈嵘，江苏省第二农校校长王舜成、京师大学堂农科毕业的陆水范[③]等人共商成立中华农学会。中华农学会初创时期，正是军阀混战期，过探先与其他创始人不辞辛苦维护发展会员，开展学术活动，并为中华农学会创办《中华农学会报》，亲自写稿，使会报成为我国近代最有影响的农业期刊之一。他在1919年第二届年会上被推选为5名干事之一，同时也是11名学艺委员之一，并根据分工承担了学会的财务会计工作。1921年9月起，过探先被推选为总干事之一，并且此后3年连续当选。

2. 邹秉文（1893—1985）　字应崧，生于广州，祖籍江苏吴县，1912年补入留美官费生，在康奈尔大学先学机械工程，后改学植物病理学。他是1915年中国科学社社章的起草人之一，1917年中华农学会的创建人之一，在《中华农学会报》等会刊出版、培养农学人才、交流农业科技进展等方面发挥了重要的组织作用，1942—1948年间担任中华农学会会长。在会报发表《中国农业建设方案》

[①]　南京农业大学发展史编委会：《南京农业大学发展史（人物卷）》，中国农业出版社，2012年9月，第47—49页。

[②]　唐昌治（1888—1957），字荃生，江苏吴江人。早期就学于苏州第一师范学校，1907年入日本东京大学留学，专攻农艺、蚕桑、水稻等，毕业后就聘江苏省立第一农校农科主任、教务长等职务，后在金陵大学、北京大学任农科教授；1927年10月任江苏省立第三农校校长，实施学校改制，调整系科，重视农事实训、品种改良、农艺推广，致力为三农服务，实施义务教育。

[③]　陆水范（1881—1942），字海望，浙江余姚人。1913年毕业于京师大学堂农科农艺化学门，曾任北洋政府农矿部技士、浙江省立甲种农业学校校长（1922.7—1923.1），后任浙江省建设厅农业试验场场长等职务。1942年9月去世。

《过去一年间中国农产物之输出入》《实施全国农业教育计划大纲及筹划经费办法》《论美援助我农村复兴》等文章。1943 年，中国农学会设立了邹秉文五十寿辰纪念奖金。

　　1945 年至 1946 年，为筹募留美奖学金，联合国粮农组织（FAO）首任中国首席代表邹秉文多方努力，促成中华农学会选派几百名优秀学生分批前往美国留学。农学会十分重视选拔工作，制定了完善的留学生选拔制度。第一批派出了朱祖祥、侯学煜、蒋次升等 50 人；第二批派出了吴相淦、陶鼎来、余友泰等 20 人。这些学生得到美国万国农具公司（International Harvester Company）资助，分别前往明尼苏达大学和艾奥瓦大学农学院学习农业机械。他们获得硕士学位后都回到了国内，成为现代中国农机事业的重要开拓者。[①]

　　在担任中华农学会会长期间，邹秉文做了很多开创性的工作。他在第 23 届年会提交《农林改进计划草案》（1941），为政府决策提供参考；1943 年，他组织捐款集资，为中华农学会觅得办公新址（重庆枣子岚垭），直到抗日战争胜利后学会搬回南京。他在学会组织召开农林部农业政策讨论会（1945），完成中国农业政策纲领；组织召开学会农学院校课程审查委员会会议（1945），研究如何规范农学教育体系，即在原农垦、森林、蚕桑等 8 个系科外，增加设立水产、农业水利和农业机械等 3 系，并将畜牧兽医系分设为畜牧系和兽医系，向教育部提出建议，对民国时期农业教育和农业推广体系的发展做出了重要贡献，如 1931 年成立的中央农业实验所及各省农业改进所等。

　　此外，邹秉文任会长期间，还在美洲设立了中华农学会分会，主要负责协调会员出国学习以及开展学术交流的事宜。1947 年，邹秉文在 FAO 任职期间，中华农学会美洲分会分别在斯坦福大学、康奈尔大学、伊利诺伊大学、艾奥瓦大学、密歇根大学、明尼苏达大学和威斯康星大学设立支会。

　　3. 张謇（1853—1926）　　字季直，号啬庵，江苏南通人。近代著名的实业家、教育家。1881 年中秀才，1885 年中举人，1894 年（光绪甲午）中状元，时年 41 岁，被赐进士及第，授予六品翰林院修撰。1895 年创办大生纱厂，1910 年成立原棉生产基地——通海垦牧公司。1912 年任南京临时政府实业总长，同年改任北洋政府农商总长。张謇

---

　　①　王思明：《中华农学会与中国近代农业》，《中国农史》，2007 年第 4 期，第 3-7 页。

在农林、牧渔、水利、气象、教育等方面有着诸多建树，多开风气之先，尤以垦荒植棉、兴修水利、发展教育最著成效。

1917 年中华农学会成立时，公推张謇为第一任名誉会长，正是因为其一贯倡导新农业，身体力行，成效卓著，犹为人所称道。1923 年，古稀之年的张謇不能亲临中华农学会第六届年会，曾寄颂词到会场："吾华自古著称农国，山虞林衡，厥掌林木，当时政教，勤及树畜，惟献有材，惟隰有谷，厥后地广政驰，而荒农尤守，旧林则勿详，茫茫边塞，衰然大场，中原旷阜，芜寂相望，谁为提倡，诱兹隙壤，卓哉诸子，投笔而起，研农及林，谋野而理，调查研究，分涂并辔。林之于农，相辅有功，调节水隰，祛腐灭虫，下松活土，上屏障风，欲培国产，舍此莫从，走于畴昔，曾著林议，在官之令，与农同纪，莅会揭旨，适符前臆，诸子努力，此业实伟，矧集群策，实验斯逐，矿业森森，原田每每，今日之标，来日之券，猥辱推引，掬此为献。"可见张謇对中华农学会事业的期望与关心。

4. 陈嵘（1888—1971） 字宗一，浙江平阳人，林学家、林业教育家，中国近代林业的开拓者之一。1909 年考入日本北海道帝国大学专攻林业，1913 年毕业回国后，任浙江省甲种农业学校校长。1915 年转任江苏省第一农校林科主任，参与筹办江苏教育团公有林（现老山林场），自兼技术主任，亲自实地勘察，编制建场施业案，并亲自组织造林。1923 年，赴美国哈佛大学安诺德树木园潜心研究树木学，获硕士学位。1925 年，携带标本赴德国撒克逊大学研究，同年经苏联回国，任金陵大学农科教授，后任森林系主任。应傅焕光邀请，参与规划南京紫金山中山陵园，并向当时的政府建议定孙中山先生逝世纪念日，即三月十二日为植树节，被采纳（原植树节为清明节）。1933 年后，先后出版《造林学概论》《造林学各论》《历代森林史料及民国林政史料》《中国树木分类学》等著作。

1918 年在中华农学会第一届年会上，陈嵘以 11 票当选会长[①]，直至 1922 年。以后长期担任学会理事，在负责中华农学会日常工作时，会费收入入不敷出，经与有关同志商量，采取厉行节约措施，很快改变局面。曾与梁希、陈方济等先生筹款在南京双龙巷建造永久会址。曾负责主办《中华农学会报》，自 1918 年该刊创刊起至 1936 年的 22 年期，几乎每期都有他的文章，包括对各阶段会务之小结。

---

① 《农学会第二届年会纪略》，《时报》，1918 年 8 月 25 日，第 10 版。但在吴觉农《"五四"前夕成立的中华农学会》一文的《历届年会一览表》中，认定 1917 年是成立大会，1918 年是第一届年会，故文章标题应为《农学会第一届年会纪略》。

而分期连载之巨著《中国树木志（略）》（后以《中国树木分类学》为名出版），更为《会报》增色。抗战期间，为维护农学会在南京的房产与图书，煞费苦心，功不可没。1917 年，支持凌道扬等人发起成立中华森林会。1928 年参加中华林学会成立的筹备工作，与姚传法被选为成立大会主席，当选中华林学会第一、二、三、四届理事。

5. 王舜成（1875—1952） 字企华，江苏太仓人，农学家、教育家。1903 年由京师大学堂选送留学日本，毕业于东京帝国大学（今东京大学）农科，获农学硕士学位。1912 年回国，受省政府之聘，任江苏省第二农校校长，确立学则、校址，设立农场、果园，率先引进美棉、无核葡萄、结球甘蓝、枇杷等，从事试验、示范、推广。1927 年北伐战争后，江苏省第二农校改为"国立中央大学区立苏州农业学校"。王舜成离任返乡，任太仓县农村师范学校校长，兼无锡江苏省教育学院农业教育系教授。抗战时期，在上海任南通农学院农业经济系教授兼主任。1945 年抗战胜利后回太仓，任私立娄东中学校长。新中国成立后，因年老多病辞职。

在日本留学时，王舜成认为农业为立国之本，欲图国家富强，必自农业改良始。1916 年，王舜成与国外学农归来的有识之士陈嵘、过探先、陆水范等在苏州聚会，共商发起中华农学会。[1] 1922 年 7 月，中华农学会第五届年会在济南山东教育会召开，王舜成被选举为会长。[2]

6. 许璇（1876—1934） 字叔玑，浙江瑞安人，农业经济学家、教育家。1913 年毕业于东京帝国大学农科，回国后在北京大学农科（后改为北京农业专门学校）、浙江公立农业专门学校（后改为国立第三中山大学劳农学院、浙江

---

① 苏州农业职业技术学院：苏州农校首任校长王舜成生平，https：//www.szai.edu.cn/xyb/info/1082/1134.htm，2021 年 8 月。另据《申报》1917 年 2 月 5 日第 2 张第 7 版报道《中华农学会成立会纪事》："我国人士近来由东西洋留学农业而归……兹于一月三十日假江苏教育会开正式成立大会。到会者有四五十人，皆各省之东西洋留学毕业及在各农校农场任事者。上午九时开会推举王舜成君为临时主席，宣布开会宗旨，次即讨论会章内容，分事务、研究、编辑三部。各部又设农、林、蚕、畜、水产五科，下午继续开会选举职员，正会长为王舜成君，副会长为余乘君，事务部长为林在南君，研究部长过探先君，编辑部长为邹秉文君，各科主任由会长及各部长推举。"与中国农学会百年回顾大事记中陈嵘为第一届会长的说法相矛盾，本书尊重中国农学会的说法。

② 中国农学会：大事记，http：//www.caass.org.cn/agrihr/wzzt/zgnxhbnhg/dsj66/46854/index.html，2021 年 8 月。

大学农学院）均担任重要职务，1934 年病逝于北京，北平大学为他举行校葬。

许璇所著的《粮食问题》是我国最早研究粮食问题的专门著作，他在 1924 年被选为中华农学会会长，直至逝世，连选连任共 10 年。许璇去世后，《中华农学会报》出版纪念专刊（第 128 期），并创办许叔玑先生奖学金。

7. 梁希（1883—1958）　字叔五，浙江湖州人，林学家、林业教育家和社会活动家。1913 年入日本东京大学农学部林科学习。1916 年回国任教于北京农业专门学校。1923 年前往德国撒克逊森林学院研究林产化学。1927 年任北京农业大学教授兼森林系主任。1929 年任浙江大学农学院森林系主任。1933 年转至中央大学农学院森林系。新中国成立后担任中央人民政府林垦部（后改为林业部）部长。

梁希在 1935—1941 年担任中华农学会理事长，下图为 1943 年梁希代表中华农学会接受金陵大学农学院院长章之汶的 200 元汇款单据。[①]

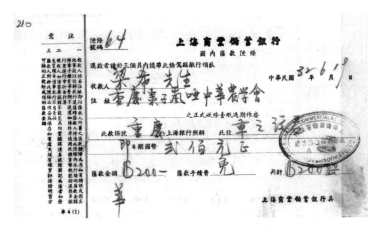

章之汶向中华农学会汇款的单据

二、中华森林会

中华森林会于 1917 年初发起（1917 年 2 月 12 日在上海召开第一次筹备会，会址设在南京大仓园 5 号），成为我国第一个林业学术团体，1928 年在中华森林会基础上成立中国林学会。中华森林会发起人分别为聂云台、凌道扬、韩国钧、杨信之、张謇、朱葆三、唐绍仪、史量才、梁启超、余日章、王正廷、陆伯鸿、

---

① 《章之汶汇款中华农学会便条》，1943 年，南京大学档案馆 649 - 122 - 211。

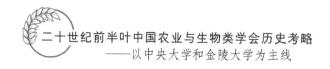

韩安、朱少屏等。在金陵大学任林科主任的凌道扬是中华森林会的最早发起人。

1. 凌道扬（1888—1993） 广东新安人，农林学家、教育家、水土保持专家，中国近代林业的开创者和奠基人之一，中华森林会（中国林学会的前身）的发起人和首任理事长。凌道扬 1914 年在耶鲁大学获林学硕士学位，同年回国，致力于森林科学的研究和宣传普及工作。1915 年，凌道扬和韩安、裴义理等有感于国家林业不振，上书北洋政府农商部长周自齐，倡导将每年清明节定为"中国植树节"，同年 7 月被批准，次年实施。著有《森林学大意》《森林要览》等专著，《造林与民生》《大学森林教育方针之商榷》等论文。

1917 年，为促进林业发展，凌道扬发起成立中国第一个林业科学研究组织——中华森林会，并被推举为第一届理事长，后担任中华林学会第二、三、四届理事长。他先后在北洋政府农商部、金陵大学林科、交通部及山东省长公署、青岛农林试验所、北平大学农学院、实业部、中央大学、实业部中央模范林区管理局、广东农林局等处任职，一度任职于善后救济总署广东分署、联合国粮农组织（FAO）。

2. 傅焕光（1892—1972） 江苏太仓人，农学家。1917 年毕业于菲律宾大学森林技术管理科，1918 年选读该校农科，同年回国在江苏省第一农校任职。1922—1924 年任东南大学农科秘书兼《农学丛刊》编辑。1927—1928 年任江苏省第一农校（1927 年并入国立第四中山大学农学院，即中央大学农学院）校长、江苏省立第一造林场场长。1928 年傅焕光担任总理陵园主任技师，同年中华森林会复建为中华林学会，他是学会的筹

备委员之一，也是1929年中国园艺学会创始人之一。

1917年傅焕光就加入了中华农学会。1930年，作为中华农学会和中华林学会代表之一，傅焕光前往日本，在日本农学会年会特别扩大会上发表英文演讲《总理陵园计划》。1941年，学会理事长姚传法等开会决议恢复中华林学会活动，傅焕光任学会理事兼编辑委员会委员，林业施政方案委员会委员、林业政策研究委员会委员和水土保持研究委员会委员。1951年中国林学会重建后，傅焕光当选为第三届理事会理事。

3. 姚传法（1893—1959） 字心斋，浙江鄞县人，林学家、林业教育家。1919年获得美国丹尼森大学科学硕士学位，1921年获得耶鲁大学林学硕士学位后回国。历任复旦大学生物科主任兼教授、沪江大学生物学教授、江苏省第一农校林科主任、中国公学教授、国立北京大学森林系教授、东南大学农科教授等职务。1927年4月后历任江苏省农林局局长、江苏省农矿厅技正兼科长、浙赣铁路局（杭州）农林顾问等职务。新中国成立后，先后在浙赣铁路局

南昌分局、南昌大学森林系、华中农学院林学系、南京林学院工作。

1928年8月，经姚传法、陈嵘、金邦正等人的积极推动和筹备，中华林学会在金陵大学召开成立大会，陈嵘和姚传法为大会主席，大会通过《中华林学会章程》，并选举姚传法为理事长，陈嵘、凌道扬、梁希、李寅恭等11人任理事。1929年10月，《林学》创刊号问世，姚传法撰写发刊词，自述"十余年来追随诸同志后，奔走呼号，以期林学之进步，林政之修明"。抗战爆发后学会活动一度停顿，1941年2月，在姚传法等倡议下，在重庆召开中华林学会第五届理事会，被选为理事长。同年10月促成《林学》复刊，直到抗战胜利前夕。

4. 李寅恭（1884—1958） 字毓宸，安徽合肥人，林学家、林业教育家。1908年赴英国任中国留欧学生监督处职员，1909年回国。1914年入英国阿伯丁大学攻读农林专业本科课程，1918年初毕业后任剑桥大学林业技师。1919年末回国，历任安徽省立第一农业学校林科主任、安徽省立第二农业学校校长、安徽女子职业学校校长等职务。1927年任第四中山大学农学院森林组讲师，只身一人为筹建森林组锐意擘划。1928年学校又改名国立中央大学，森林组

改称森林科，李寅恭任副教授。1930年又改科为系，李寅恭任教授兼系主任，并一度兼任江苏省教育林场场长。

1917 年，中华农学会、中华森林会初创之时，李寅恭就是会员之一。1928 年，参与筹备成立中华林学会，并当选为首届理事会理事兼林业部主任。1929 年，在农矿部召开的林政会议上，提出了要广泛宣传发展林业的重要性，也要依法治林、奖励民众造林，注意保护及抚育天然林；为了发展林业，应大力培养林业专门人才等主张。1931 年，被邀担任"首都造林运动委员会"委员的李寅恭在广播电台播讲，宣传植树造林。李寅恭曾是中央大学农学院《农学杂志》《中大农学院丛刊》的总编辑（1927—1929），1935 年担任《中华农学会报》编辑委员会委员。1936 年、1941 年分别被选为中华林学会第四、五届理事会理事，并任《林学》编辑部主任。

三、中国园艺学会

中国园艺学会在 1929 年春成立于南京。该学会后来成为中国共产党领导下依法登记的全国园艺科技工作者组成的具有公益性、学术性的社会团体，是党和政府联系园艺科技工作者的桥梁与纽带，是国家发展园艺科学技术事业的重要社会力量，是中国科学技术协会（以下简称中国科协）的组成部分。[①] 李驹、吴耕民、胡昌炽、林汝瑶、章文才、毛宗良、傅焕光、王云章等为主要的创办人。这其中，具有代表性的人物有吴耕民、胡昌炽和章文才。

1. 吴耕民（1896—1991） 字润巷，浙江余姚人，园艺学家、园艺教育家，中国园艺学会成立发起人之一。1914年入北京农业专门学校，1917 年毕业后被派遣至日本兴津园艺试验场当了 3 年研习生，1920 年学成回国，回母校任教。1921 年春任教于南京高等师范学校农科，同年夏，该校改组为东南大学，在农科下设立中国第一个高等院校园艺系，担任副教授兼系主任，并在金陵大学园艺系兼课，教授蔬菜园艺等课程。1927 春，参加筹备成立国立浙江大学（初名为第三中山大学）农学院园艺系，任教授兼系主任。1929 年 4 月至1930 年 5 月赴欧洲考察园艺，翌年回国仍回校任原职。吴耕民主编和编著了大量教材，早年编写的《蔬菜园艺学》是中国最早的园艺教科书。

吴耕民是该学会早期执行委员会的负责人之一，曾于 1934 年任中国园艺学会执行委员会出版委员，开展了各类学术演讲、编写园艺丛书、调查总结园艺生

---

① 中国园艺学会：中国园艺学会简介，http://cshs.org.cn/html/NewsList_list.asp?SortID=111&SortPath=0,111，2021 年 4 月。

产技术等活动，参与了学会章程制定。1978 年后担任中国园艺学会第三届理事会（1978—1981 年）常务理事，第四届理事会（1981—1985 年）名誉理事长。

2. 胡昌炽（1899—1972） 字星若，江苏苏州人，园艺学家、园艺教育家、柑橘专家。1920 年毕业于东京大学农学实科，回国任教于江苏省立第二农业学校。1924 年再次前往东京大学进修园艺学。1928 年，回国后的胡昌炽在金陵大学创办园艺系，并担任教授兼系主任 20 余年。1929年，他参与创建中国园艺学会。胡昌炽编著了权威性园艺巨著《园艺植物分类学》，毕生致力于园艺科学的教学、科研、推广，长期从事园艺植物尤其柑橘等果树的分类研究，是我国园艺植物分类学的先驱之一。

3. 章文才（1904—1998） 浙江杭州人，果树学家、园艺教育家、柑橘专家。1922 年考入之江大学生物系，1923年转入金陵大学农学院园艺系，1927 年毕业留校。1938—1945 年任金陵大学农学院园艺系教授兼科学研究部主任；1945—1947 年任西北农学院园艺系教授兼院长；1947—1948 年任金陵大学园艺系教授。1929 年，章文才与许复七、吴耕民、胡昌炽等人发起成立了中国园艺学会，是中国园艺学会第二、第三届副理事长，撰有学术论文 70 余篇，专著有《新鲜果实包装贮藏运销学》《柑橘：生产技术与科学实验》《现代果树生产技术》等。

四、中国植物病理学会

中国植物病理学会 1929 年成立于南京，邹秉文担任第一届会长。1949 年在北京复会。戴芳澜、周家炽、沈其益、王焕如、陈善铭、王云章、裘维蕃等为主要创始人。当时全国农业院校较少，科研单位更是凤毛麟角，学会成立后，植病工作者有了一个学术交流的场所，经常集会交流，并撰写学术论文投送到《中华农学报》《昆虫与植病》等刊物发表。最具有代表性的人物是邹秉文、戴芳澜、裘维蕃、沈其益等。

1. 邹秉文（1893—1985） 1916 年在金陵大学主讲植物病理学和植物学课程，是中国讲授植物病理学的第一位教授。先后任金陵大学植物病理学、植物学教授，南京高

等师范学校、东南大学农科主任，中央大学农学院院长。1929年发起成立中国植物病理学会。1929年担任中国植物病理学会第一届会长（其他见前文）。

2. 戴芳澜（1893—1973） 字观亭，湖北江陵人，真菌学家、植物病理学家。1914年入美国威斯康星大学农学院，后转到康奈尔大学农学院，毕业后前往哥伦比亚大学研究生院攻读植物病理学、真菌学，1919年获得硕士学位。1920年回国，任教于广东省立农业专门学校。1923年受邹秉文之邀前往东南大学任教。1927年被聘为金陵大学教授兼植物病理系主任。1948年，当选中央研究院首届院士。戴芳澜建立起以遗传为中心的真菌分类体系，确立了中国植物病理学科研系统，对近代真菌学和植物病理学在我国的形成和发展起到了开创和奠基的作用。[①]

1929年，戴芳澜同邹秉文一同创立了中国植物病理学会，并主要负责会务工作。新中国成立伊始，他召集了原学会会员在北京商讨恢复学会事宜，被推选为临时理事长，负责第一次代表大会筹备工作。1953年举行第一届代表大会，被正式推选为理事长。1955年创办《中国植物病理学报》，任第一届主编。1962年成立中国植物保护学会，[②] 戴芳澜担任理事长，裘维蕃担任常务理事兼秘书长。

3. 裘维蕃（1912—2000） 江苏无锡人，植物病理学家。1935年金陵大学毕业后留校任植物病理学助教，同年加入中国植物病理学会。1945年赴美国威斯康星大学攻读博士学位，1948年毕业。裘维蕃在植物病毒的研究、食用菌分类与栽培等方面做出了巨大的贡献。[③] 1949年新中国成立后，被临时推选为常务理事兼秘书长。1953年，任第一届常务理事兼秘书长，1955年担任《中国植物病理学报》副主编，主编为戴芳澜。1981年任第二届副理事长兼秘书

---

① 南京农业大学发展史编委会：《南京农业大学发展史（人物卷）》，中国农业出版社，2012年9月，第98-101页。

② 植物保护学会成立背景见裘维蕃著《农苑历程散记》，中国农业大学出版社，1996年，第384-385页。文中提到"从1962年起，内部酝酿同昆虫学会合并，成立中国植物保护学会，都由中国农学会领导，成为二级学会。当时昆虫学会不同意，认为会员可以自由参加中国植物保护学会，但中国昆虫学会还是独立的一级学会。植物病理学会则勉强同意参加中国植物保护学会……"经查资料，中国植物病理学会于1981年10月恢复独立活动，1985年成为一级学会。故此处不用昆虫学会与植物病理学会合并的说法。

③ 南京农业大学发展史编委会：《南京农业大学发展史（人物卷）》，中国农业出版社，2012年9月，第173-176页。

长，1985年、1989年连任第三、四届理事长。此外，他还担任过第四、五、六届国际植物病理学会理事。

4. 沈其益（1909—2006） 字谦叔，湖南长沙人，植物病理学家、农业教育家。1933年毕业于中央大学，留校任教，讲授植物病理学课程。受邓叔群教授指导，大学时期进入中国科学社生物研究所参与研究真菌学，并先后发表我国早期真菌研究的重要文献《中国两属半知菌》及《中国黑粉菌志》。1939年获伦敦大学博士学位，1939—1940年在美国明尼苏达大学任名誉研究员。1941—1948年任中央大学生物系教授。

1962年中国植物保护学会成立，沈其益主持召开了成立大会，了解到由于病虫测报、防治站大多撤销，对作物病虫害防治工作非常不利。随后他与有关学者联名提出"加强植物保护，防治病虫灾害"的建议。毛主席十分重视这一紧急建议，列入党的八届十中全会正式文件。后沈其益担任中国植物保护学会第三届理事长，第四至九届名誉会长。1981年植物病理学会恢复会务后，沈其益担任中国植物病理学会第二届常务理事，第三、四、五届顾问。

五、中国植物学会

1933年8月20日，中国植物学会在重庆北碚中国西部科学院成立。学会的发起人包括胡先骕、钱崇澍、陈焕镛、辛树帜、裴鉴、秦仁昌、钟心煊、刘慎谔、吴韫珍、陈嵘、董爽秋、张珽和林镕等19人。[①] 学会创办目的是"互通声气，促进研究，并普及植物学知识于社会"，[②] 刊物为《中国植物学杂志》。中国植物学成立大会与会会员有105人。主要代表人物为胡先骕、李继侗、钱崇澍、陈焕镛等。

1. 胡先骕（1894—1968） 字步曾，江西新建人，近代中国植物分类学的奠基人。1912年赴美入加州大学初学农学，后学植物学，1916年学成归国。1918年秋任南京高等师范学校农业专修科教授。1923年再度赴美，1925年获哈佛大学植物分类学博士学位后回国。1948年3月，当选中

---

① 肖蕾：《民国时期的中国植物学会》，《河北北方学院学报（社会科学版）》，2014年第30卷第3期，第43-47页。

② 《中国植物学会概况》，《科学》，1936年第20卷第10期，第829页。

央研究院第一届院士。胡先骕领导和参与了中国第一个大学生物系、第一个生物研究所的创立；推动了静生生物调查所、庐山植物园、云南农林植物研究所等科研机构的创建和发展；参与和推动了《高等植物学》《中国植物学杂志》等教材、专著、杂志的编撰和出版工作。[1]

1933 年 8 月 20 日，在中国植物学会成立大会上，胡先骕被选为《中国植物学杂志》总编辑。1934 年 3 月，胡先骕为该杂志创刊号写了《发刊辞》，并发表《中国近年植物学进步之概况》，同年 8 月 21—27 日，在第一届中国植物学会年会上，他当选第二届理事长（第一届理事长于 1933 年成立时选举，为钱崇澍）。[2]

2. 李继侗（1897—1961） 字希哲，江苏兴化人，植物生理学开拓者，植物生态学与地植物学的奠基人之一。1921 年毕业于金陵大学林科，后入耶鲁大学林学院，1925年获博士学位，是中国人在林学方面获得美国博士学位第一人。[3] 毕业后先后任教于金陵大学、南开大学、清华大学，1938 年任教于西南联大，在多校任生物系主任。1957 年任内蒙古大学副校长。1955 年，李继侗创办了中国第一个植物生态学与地植物学专门组及《植物生态学与地植物学资料丛刊》（现改为《植物生态学学报》，中国科学院植物研究所和中国植物学会主办）。

作为中国植物学会创始人之一，在 1934 年 8 月第一届中国植物学会年会上，李继侗被选为西文学报《中国植物学会汇报》（*Botanica Sinica*）总编辑，1935 年 6 月刊行。1935 年，陈焕镛、李继侗二人代表学会参加第六届世界植物学年会。

3. 钱崇澍（1883—1965） 字雨农，浙江海宁人，中国近代植物学的奠基人与开拓者之一。1910 年成为第二批庚子赔款生，先后留学于美国伊利诺伊大学自然科学院、芝加哥大学和哈佛大学。1916 年回国，长期从事教学工作，先后在江苏省第一农校、金陵大学、国立东南大学、清华大学、厦门大学、四川大学和复旦大学（1945—1949 年任

---

① 南京农业大学发展史编委会：《南京农业大学发展史（人物卷）》，中国农业出版社，2012 年 9 月，第 106 - 110 页。

② 《中国植物学会概况》，《科学》，1936 年第 20 卷第 10 期，第 829 - 830 页。

③ 南京农业大学发展史编委会：《南京农业大学发展史（人物卷）》，中国农业出版社，2012 年 9 月，第 122 - 125 页。

复旦农学院院长）任教。1922年钱崇澍与胡先骕合作，创立中国科学社生物研究所，并陆续在生物研究所从事研究多年。1948年当选为中央研究院首届院士，1955年当选为中国科学院首批学部委员。他是第一位用拉丁文为植物命名和分类发表文献的中国人，是第一位发表植物生理学、植物生态学和地植物学论文的教授，是最早提出中国植被分类与分布的学者。

1933年，钱崇澍参与发起及筹备的中国植物学会成立，被选为第一届理事长。1934年，在江西庐山召开的学会年会上，担任会刊《植物学杂志》（我国最早的以中文发表的生物学学术刊物之一，《植物学报》前身）的编辑。[①] 1951年和1963年，钱崇澍当选第六、七届理事长。值得一提的是，1963年在第七届年会暨30周年纪念会上，学会为80岁的钱崇澍隆重举行了从事科学研究工作50周年纪念会。

4. 陈焕镛（1890—1971） 字文农，出生于香港，祖籍广东新会，植物学家，中国近代植物分类学的开拓者和奠基者之一。1913年入美国哈佛大学森林系，1919年获林学硕士学位。1920—1926年，相继受聘任金陵大学、东南大学教授。陈焕镛创办的中山大学农林植物研究所，是我国早期植物研究机构之一。他收集植物标本，建成了中国南方第一个植物标本室；在华南植物区发现的植物新种有百种以上，新属有10个以上，在植物分类学和地史研究上

具有重要的科学意义。陈焕镛为开发利用和保护我国植物资源、完善植物分类学、建设植物研究机构、培养人才、搜集标本，发展我国植物科学做出了重要贡献。

1933年陈焕镛参与创立中国植物学会，1935年当选第三届学会理事长，同年陈焕镛、李继侗二人代表学会出席第六届世界植物学年会（在荷兰阿姆斯特丹召开），当时我国学界对陈焕镛评论："各国学者对于陈教授的学识，极为钦佩，因选为该会分类学组执行委员，查我国学者被选为国际会议执行委员属首次，可谓我国植物学界光荣之一页"。[②] 在这次会议上还被推选为植物命名法规小组副主席。[③]

① 刘昌芝：《近代植物学的开拓者——钱崇澍》，《中国科技史料》，1981年第3期，第35-39页。
② 《国内外植物学界新闻》，《中国植物学杂志》，1935年第2卷第3期，第762页。
③ 《中国现代植物分类学奠基人——记中国科学院学部委员（院士）陈焕镛教授》，收入《稻花香——华南农业大学校友业绩特辑》；转引自 Chronica Botanica，1936年第2卷，第101页。

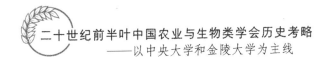

六、中国动物学会

中国动物学会在 1934 年 6 月成立于江西庐山。主要创办人是秉志、伍献文、陈桢、孙宗彭等 30 人。学会是中国动物科学工作者自愿结成依法在国家民政部登记的全国性、公益性、学术性法人社会团体，是中国科协的组成部分，是党和政府联系动物学科技工作者的桥梁和纽带，是国家发展动物科学事业的重要社会力量。[①] 主要代表性的人物有秉志、伍献文、王家楫、陈桢等。

1. 秉志（1886—1965） 字农山，原名翟秉志，河南开封人，中国近代生物学的一代宗师，近代动物学的主要奠基人。1909 年入美国康奈尔大学农学院学习，1918 年获哲学博士学位。1914 年，秉志与留美同学共同酝酿发起成立中国最早的群众性自然科学学术团体——中国科学社。次年当选为五位董事之一，刊行中国最早的学术刊物——《科学》杂志。[②]

1920 年回国后，秉志积极参与到生物科学的教学、科研和组织领导工作。1921 年，他在国立东南大学创建了中国大学第一个生物系。1922 年，在南京创办了中国第一个生物学研究机构——中国科学社生物研究所。1948 年，当选中央研究院第一届院士。秉志以高度的责任感和艰苦奋斗的精神，为开创和发展中国生物科学的研究做出了历史性的贡献。他在脊椎动物形态学、神经生理学、动物区系分类学、古生物学等领域进行了大量开拓性的研究。[③]

1934 年，秉志等 30 人联合发起创建中国动物学会，并任第一届会长。同年，学会创办《中国动物学杂志》（《动物学报》前身），选举并产生编辑会，秉志担任总编辑。1956—1965 年，秉志担任学会第九、十届理事长。在学会主导的动物发生学名词和比较解剖学名词审查委员会中，秉志均担任主任委员。

2. 伍献文（1900—1985） 字显文，浙江瑞安人，动物学家、鱼类学家、线

---

① 徐子政、秦政：《科学共同体介绍——中国动物学会》，《科技导报》，2011 年第 29 卷第 31 期。

② 翟启慧：《秉志传略》，《动物学报》，2006 年第 6 期，第 961 - 970 页。

③ 南京农业大学发展史编委会：《南京农业大学发展史（人物卷）》，中国农业出版社，2012 年 9 月，第 89 - 92 页。

虫学家，中国鱼类分类学、形态学和生理学的奠基人之一。1921 年从南京高等师范学校毕业，1927 年在厦门大学获得理学学士学位，1932 年在法国巴黎大学获得科学博士学位。伍献文担任过中央大学生物系教授，也曾在国立中央研究院自然历史博物馆动物学部（后更名为生物研究所、动物研究所等）工作。

伍献文一生的学术进展反映了中国鱼类学的发展，是站在中国近代鱼类学高峰上的少数几位科学家之一。他是《中国鲤科鱼类志》巨著的主要撰写者，在国内率先阐明鲤亚目鱼类的系统发育，并提出了新分类系统；最早组织和进行了中国的海洋与湖泊综合调查；他倾心于科研组织工作和人才培养，为中国水生生物学的发展做出了重要贡献。[①]

伍献文作为中国动物学会发起人之一，曾任第三届学会书记，第五届学会会计，任第一、二、五、六、七、十、十一届学会理事，第五、九届学会常务理事，第八届学会候补理事，担任学会主导的动物发生学名词审查委员。在抗战胜利后，学会理事会推举伍献文为编辑委员会主席，他积极筹备学会刊物复刊的事宜。

3. 王家楫（1898—1976）　号仲济，江苏奉贤人（现属上海），动物学家，中国原生动物学的奠基人。1924 年获国立东南大学农学学士学位，1928 年获美国宾夕法尼亚大学哲学博士学位。

王家楫对中国原生动物学的创建与发展做出了重要贡献。早年积极开展生物科学考察，获得中国原生动物、淡水轮虫分类及生态学研究的第一手资料，发现原生动物新种近百种；论文《珠穆朗玛峰地区的原生动物》是第一篇关于珠峰原生动物的文献，在国际上引起了重视；专著《中国淡水轮虫志》是第一次对分布在我国沼泽、池塘、湖泊和水库内 252 种常见轮虫形态、生理、生态及亲缘关系进行了描述。[②]

1934 年，王家楫在江西庐山同中国动物学家一道发起成立中国动物学会，

---

① 南京农业大学发展史编委会：《南京农业大学发展史（人物卷）》，中国农业出版社，2012 年 9 月，第 136 - 139 页。

② 南京农业大学发展史编委会：《南京农业大学发展史（人物卷）》，中国农业出版社，2012 年 9 月，第 131 - 135 页。

从此担任第一届学会书记，第三届学会副会长，第五届学会常务理事，第二、五、七、八、十届学会理事，第六届学会监事，担任学会主导的动物发生学名词审查委员。

4. 陈桢（1894—1957） 字协三，江西铅山人，中国动物遗传学的创始人和动物行为学、生物学史研究的开拓者。1918 年毕业于金陵大学，1921 年获哥伦比亚大学硕士学位。1922—1926 年担任东南大学生物系教授，编著《普通生物学》。在金鱼遗传、蚂蚁行为和生物学史研究上获重要成果。他发表文章《透明和五花，一例金鱼的孟德尔遗传》，提出鱼类第一个典型的"不完全显性遗传"实例，震动了生物界，是学界公认的鱼类遗传学研究的先驱。20 世纪 30 年代他所编著的高中《生物学》教科书，影响了数代人，对我国中学生物学教学、生物学人才培养做出了重要贡献。[①]

陈桢是中国动物学会的重要发起人之一，他担任了第七届学会理事长，第二届学会副会长，第四届学会会长，第五届学会常务监事，第五、六届学会监事，第八届学会理事。此外，还担任了学会主导的动物发生学名词审查委员。

七、中国畜牧兽医学会

为推进畜牧兽医事业发展，1934 年蔡无忌、王兆麟、程绍迥等人发起筹建中国兽医学会，1935 年在上海成立。1936 年 7 月 18 日，中国畜牧兽医学会[②]成立于南京。由畜牧兽医界著名学者刘行骥、蔡无忌、程绍迥、罗清生、王兆麟、

[①] 南京农业大学发展史编委会：《南京农业大学发展史（人物卷）》，中国农业出版社，2012 年 9 月，第 102 页。

[②] 陈之长：《抗战时期中大畜牧兽医系在四川办学情况》，《四川草原》，1984 年第 2 期，第 95 页。根据国民政府实业部渔字第四一七六号批文：原具呈人中国畜牧学会筹备员刘行骥，核准 1936 年 5 月 23 日组织中国畜牧学会的登记文件予以通过。可知中国畜牧学会成立于 1936 年，而为何中国畜牧学会和兽医学会同年成立，可追溯至当年的年会。1936 年刘行骥在《第一届年会特刊内容转载：中国畜牧学会筹备经过》中指出"……至于成立大会，满承大多数同志，咸认为宜以暑假期间为较便利，于是复征得中国兽医学会之同意，合并于首都进行，藉以完成畜牧兽医整个之使命，其荣幸更不盛言，此筹备经过之大概情形也。"因此认为，在年会上兽医学会与畜牧学会"合二为一"，中国科学社主办的《科学》杂志在 1936 年第 20 卷第 8 期第 695 页有《中国畜牧兽医学会首届年会》的报道。

沈九成、陈舜耘等 9 人组成第一届理事会，推选蔡无忌为会长。[①] 1937 年夏，日本帝国主义侵华战火延及华东，学会工作处于停顿状态。1942 年恢复了畜牧兽医学会的活动，选举产生了第二届理事会，由陈之长、罗清生、盛彤笙、许振英、汤逸人、胡祥璧等组成，推选陈之长为理事长。[②] 最具代表性的人物是蔡无忌、陈之长、罗清生和虞振镛等。

1. 蔡无忌（1898—1980） 浙江绍兴人，兽医学家，我国现代畜牧兽医事业的先驱，商品检验（特别是畜产品检验）事业的奠基人之一。1913 年岁随父蔡元培去法国，1924 年获法国阿尔福兽医学校兽医博士学位。1927—1929 年担任国立第四中山大学、中央大学农学院院长，扩大学院规模，鼓励教师投入教学、科研、农业推广。

蔡无忌先后创建上海兽医专科学校，筹建中央畜牧实验所，组织成立中国兽医学会、中国畜牧兽医学会，为在我国消灭牛瘟作出了重要贡献。他领导过中国第一个商品检验机构，起草了中华人民共和国第一个商品检验条例，提高了中国出口蛋、肉制品的质量。

1935 年中国兽医学会成立，蔡无忌当选会长，1936 年年会时，再次当选会长。1940 年，虞振镛、蔡无忌、程绍迥、罗清生等发起中国畜牧兽医学会[③]。1944 年在中国畜牧兽医学会的理监事联席会议上，时任中央畜牧试验所所长的

① 中国畜牧兽医学会：学会简介，http：//www.caav.org.cn/showNewsXHJSDetail.asp？nsId＝13，2022 年 4 月。另据《畜牧兽医季刊》1937 年第 1 期中关于中国畜牧、兽医学会第一届年会文章、畜牧组提案总结得出畜牧学会的主要创办人包括：刘行骥、汪启愚、虞振镛、陈舜耘、王兆泰、沈九成等。在《畜牧兽医季刊》1936 年第 2 卷第 3 期第 123 页文章《中国兽医学会年会纪要》中，明确 1936 年的年会上，中国兽医学会改选蔡无忌连任会长，罗清生为书记，陈之长为会计。但并未查找到任何中国畜牧兽医学会会长人选的资料，因当时有"合二为一"的说法，故尊重中国畜牧兽医学会官网说法，蔡无忌为首任会长。
② 陈之长：《抗战时期中大畜牧兽医系在四川办学情况》，《四川草原》，1984 年第 2 期，第 95 页。中国畜牧兽医学会官网认为 1942 年"产生第二届理事会"，陈之长在该文中写道"在成都召开了会员代表会议，重新产生了机构，选举理事会"。"重新"二字应是根据中国畜牧兽医学会 1936 年成立时产生的第一届理事会。但矛盾的是，在《中华农学通讯》1947 年第 79－80 期介绍学会的文章中，提及中国畜牧兽医学会"于 1942 年 10 月 31 日成立，大会在成都举行，到会会员 43 人，会上决定设会址于成都浆洗街血清厂（亦中央大学畜牧兽医系所在地）。"1947 年《工协》第 2 期曾发布介绍《中国畜牧兽医学会扩展会务征求会员》，开篇即"中国畜牧兽医学会系在抗战期中成立于成都，胜利后还南京……"。《畜牧兽医月刊》1948 年也发布《中国畜牧兽医学会启示》，提及"本会自民国三十一年成立以来，业已六载……"虽然学会成立的说法矛盾，本书尊重中国畜牧兽医学会官网的说法。但不可否认，早期中国畜牧兽医学会的主力成员都来自中央大学畜牧兽医系。
③ 《其它十六学会（协会）介绍：中国畜牧兽医学会现况》，《中华农学会通讯》，1947 年第 79－80 期，第 28 页。

蔡无忌为缓解会刊《畜牧与兽医月刊》的出版困难,决定《畜牧兽医月刊》与中央畜牧试验所《中央畜牧兽医汇报》暂行联合出版,双方刊物名义仍旧保存,经费共同担任,编辑由学会出版部负责,但由中央畜牧试验所指派职员一人协助编辑及发行事宜。[1]

2. 陈之长（1898—1987） 字本仁,四川简阳人,兽医学家、农业教育家,中国现代畜牧兽医教育事业奠基人之一。1922 年赴美攻读兽医学,1926 年获艾奥瓦州立农工学院兽医学博士学位。1929—1946 年担任中央大学教授兼畜牧兽医系主任（1937 年 3—11 月汪德章为系主任）,特别是抗日战争后为畜牧兽医系的发展提供了良好的环境,让中央大学畜牧兽医系在教学、科研和推广方面,都有了长足发展。

中国畜牧兽医学会初期挂靠在中央大学农学院。陈之长 1942 年任学会理事长;1944 年 7 月,召开理监事联席会议,作为主席做本会成立经过及过去工作情形的报告,担任学会理事长兼总务部主任。

3. 罗清生（1898—1974） 广东南海人,中国现代兽医教育和家畜传染病学的奠基人之一。1923 年获得美国堪萨斯州立大学兽医博士学位（DVM）,是第一位获此学位的中国人。同年回国,受聘于国立东南大学教授,历任中央大学畜牧兽医系主任（1947 年）、农学院院长、教务长。罗清生在我国高等兽医教育园地上耕耘了半个多世纪,培养了几代兽医科技人才。

1935 年 6 月中国兽医学会成立时,罗清生负责刊物编辑委员会。1936 年 7 月中国畜牧兽医学会第一次年会召开,罗清生担任第一届学会理事,1940 年参与商议恢复学会活动。1944 年理监事联席会上,出版部主任罗清生作出版报告,并改选担任学会监事。

4. 虞振镛（1890—1962） 浙江慈溪人,畜牧兽医学家、农业教育家,我国现代兽医教育事业和兽疫防治系统的奠基人之一。1914 年获美国伊利诺伊大学学士学位,1915 年获康奈尔大学硕士学位。先后在清华大学、国立北平大学,国民政府实业部渔牧司,贵州省建设厅、农业改进所等处任职。1949 年

---

[1] 《中国畜牧兽医学会近讯》,《畜牧兽医月刊》,1944 年第 4 卷第 4—5 期,第 106 页。

后在浙江大学农学院任教，1952 年调到南京农学院畜牧兽医系任教授，1958 年退休。

1936 年中国畜牧学会年会上，虞振镛提出"本会应即从事调查国内纯种种畜及登记，以资促进畜种改良案"等数个提案。1947 年 11 月 27 日，中国畜牧兽医学会和中华农学会等 18 个农业界社团在南京举行联合年会，推举虞振镛为中国畜牧兽医学会理事长。当年统计有会员 424 人，该次年会正式决议"通过组织畜牧与兽医定名委员会，分别草拟畜牧兽医各项专门名词，以求划一"。

八、中华昆虫学会

1928 年，中央大学、金陵大学和江苏省昆虫局研究昆虫科学的师生组织成立六足学会，[①] 但影响仅限一省，1932 年因战事终止。1937 年抗日战争爆发前夕，昆虫科学界同仁决议筹备中国昆虫学会，因战事突起，大会延期。1944 年 1 月，在重庆的邹钟琳、吴福桢等提出重组学会。经过筹备，10 月 12 日，中华昆虫学会成立，选举吴福桢、邹钟琳、忻介六等 11 人为第一届理事，吴福桢担任理事长，邹树文、张巨伯和刘崇乐 3 人为第一届监事。[②] 1950 年 8 月，中华昆虫学会改称中国昆虫学会。[③] 学会最具代表性的人物是邹树文、张巨伯、吴福桢、邹钟琳等，而他们都曾是 1928 年六足学会的初创成员。

1. 邹树文（1884—1980） 字应宪，江苏吴县人，昆虫学家，中国近代昆虫学奠基人与开拓者之一。1908—1912 年在美国先后获得康奈尔大学学士学位、伊利诺伊大学硕士学位，1915 年回国。曾任金陵大学、东南大学农科教

---

① 关于六足学会成立时间的说法，江苏省昆虫学会认为是 1920 年，中国昆虫学会认为是 1924 年。1920 年的说法系《中华昆虫学会通讯》1947 年第一期发刊词中"民国九年的六足学会"，1924 年的说法来自吴福桢、岳宗编著的《中国昆虫学会史（1924—1984）》一书中"六足学会于 1924 年在南京成立"，两处互相矛盾。经查阅资料，发现《申报》1930 年 6 月 17 日《中大六足会》报道中提及"在前年（十七年）九十月份的时候，他就宣告成立了"；《农业周报》1929 年第 4 期第 25 - 26 页《苏昆虫局消息》中提到"江苏省昆虫局职员，为集思广益互相研究起见，特邀中央大学农学院病虫害科，理学院生物系及金陵大学农科专治昆虫之学生，共同组织六足学会，成立已有一年……"；王勉成在《农业周报》1930 年第 61 期发表《六足学会概况》一文也提及"乃 1928 年成立"，故认为六足学会成立于 1928 年。

② 《本会成立经过追述》，《中华昆虫学会通讯》，1947 年第 1 期，第 1 页。

③ 徐子政、秦政：《科学共同体介绍——中国昆虫学会》，《科技导报》，2011 年第 29 卷第 32 期，第 83 页。

授，并担任江苏省昆虫局局长。邹树文在江苏省昆虫局工作期间，组织建立起作物虫害防治体系，[①] 著有《中国昆虫学史》，晚年从事祖国农业遗产研究工作。

邹树文是六足学会早期会员之一。1944 年 10 月由邹树文、张巨伯等 30 多人发起在重庆成立中华昆虫学会，同年经批准立案。1947 年 10 月在南京创办《中华昆虫学会通讯》（如下图[②]）。在 1944 年的成立大会上，邹树文当选为常务监事。

《中华昆虫学会通讯》第 2 卷第 4 期

2. 张巨伯（1892—1951） 字归农，广东高鹤人，农业昆虫学家、农业教育

---

① 南京农业大学发展史编委会：《南京农业大学发展史（人物卷）》，中国农业出版社，2012 年 9 月，第 17 - 18 页。

② 邹树文：《吾师 Comstock 先生》，《中华昆虫学会通讯》，1948 年第 2 卷第 4 期，第 1 页。

家，中国现代昆虫学奠基人之一。1917 年获美国俄亥俄州立大学农学院昆虫学硕士学位。1918 年 11 月任南京高等师范学校教授，东南大学第一任病虫害系主任。1922 年成立江苏省昆虫局，挂靠东南大学，张巨伯任技师。1928 年起任江苏省昆虫局局长直至 1932 年，兼中央大学、金陵大学农学院教授。1932 年任浙江省昆虫局局长，建立了当时我国最大的昆虫标本室。1933 年 1 月在浙江省昆虫局创办了第一份植保期刊《昆虫与植病》。抗日战争期间任中山大学教授。

　　1928 年由张巨伯发起成立六足学会，初期共 20 余名会员，基本来自于江苏省昆虫局和中央大学、金陵大学，是中国最早的昆虫研究学术团体。学会活动经费除会员交纳会费（每人每年 2 元）外，张巨伯、吴福桢还将在大学兼课的全部工薪捐交学会。张巨伯还向朋友劝募，在南京鼓楼以北征地两亩多，作为学会建址基地。[①]

3. 吴福桢（1898—1995） 字雨公，江苏武进人，农业昆虫学家。1917 年毕业于江苏省第一农校，1920 年毕业于南京高等师范学校农业专修科，后留校任助教。1925 年获东南大学学士学位后赴美入伊利诺伊大学深造，成绩优异，获美国科学荣誉协会颁发的金钥匙奖。硕士毕业后先后在康奈尔大学和美国农业部从事昆虫研究工作。1927 年回

国后，任江苏省昆虫局主任技师，东南大学、金陵大学、浙江大学、无锡教育学院教授，浙江省病虫防治所所长，中央农业试验所系主任、副所长，农林部病虫药械制造实验厂厂长。新中国成立后，任华东农林部学术顾问、病虫防治所所长、农业部植保局顾问，中国农业科学院筹备小组技术组组长，宁夏回族自治区农业科学院副院长等职务，1979 年后任中国农业科学院植物保护研究所一级研究员、第一届学术委员会主任。[②]

　　吴福桢是六足学会的创始人之一。1937 年第五届国际昆虫学会在巴黎召开，吴福桢等中国昆虫学家不甘坐视我国昆虫学研究与国际水平差距越拉越大，积极

① 中国昆虫学会：历史沿革，http://entsoc.ioz.cas.cn/lsyg/，2021 年 4 月。
② 吴锡华、高兆宁：《吴福桢》，中国农业科技出版社，2015 年，第 1 页。

筹备，打算成立全国昆虫学会，因抗日战争爆发而暂时中断。1944 年中华昆虫学会成立后，吴福桢担任第一、二届学会理事长，并参与创办《中华昆虫学会通讯》。

4. 邹钟琳（1897—1983） 字孟千，江苏无锡人，昆虫学家、农业教育家。1917 年考入南京高等师范学校农业专修科，1920 年毕业留校担任助教（期间根据校方决定，在江苏省昆虫局从事水稻螟虫防治工作），后补修学分，1925 年获东南大学学士学位。1929 年赴美入明尼苏达大学攻读硕士学位，师从著名生态学家查普曼（Chapman），学习昆虫学和昆虫生态学。1931 年入康奈尔大学攻读博士学位，1932 年受美国经济波动影响，因学费拮据回国。回国后，
先后任中央大学副教授、教授、农学院院长，新中国成立后任南京农学院、南京农业大学教授。他编写了我国第一本《昆虫生态学》专著，首次提出了栽培治螟的方法，在研究和应用昆虫生态学方面做出了突出贡献。

1944 年抗日战争即将胜利之时，吴福桢、邹钟琳等感到时机业已成熟，遂与邹树文、张巨伯等 30 余人具名，在重庆向国民政府社会部提出筹建中华昆虫学会，经批准后在 10 月 6 日召开筹备会议，邹钟琳为筹备委员之一。10 月 12 日中华昆虫学会成立大会在重庆枣子岚垭中华农学会礼堂举行，邹钟琳当选为常务理事。

九、中国土壤学会

1935 年 7 月 16 日，浙江省建设厅化学肥料管理处负责人马寿征曾发起组织中国土壤肥料学会[①]，1936 年 8 月 23 日在镇江成立[②]，推选理事长邓植义、副理

---

① 《筹备中之中国土壤肥料学会》，《土壤与肥料》，1935 年第 1 卷第 5/6 期，第 1-14 页。1935 年 7 月 16 日，马寿征、彭家元、陈方济和包伯度等中华农学会会员在参加中华农学会年会后，前往浙江省化学肥料管理处参观，深觉土壤肥料研究为解决民生的首要问题，成立中国土壤肥料学会刻不容缓。于是推定临时筹委会 7 人，广东由彭家元（中山大学）负责，广西由蓝梦九（广西土壤调查所）负责，北平由周昌芸负责，南京由陈方济（中央大学）负责，上海由包伯度（上海市政府农林场）负责，南通由铁明负责，杭州由马寿征负责，并推余皓先生和黄希素先生为学会章则起草人，以浙江省农业改良总场化学肥料管理处出版的《土壤与肥料》杂志为会刊。

② 《中华农学会年会昨在镇举行 中国土壤肥料学会同时成立》，《申报》，1936 年 8 月 24 日，第三版。

事长铁明、文书马寿征、编辑彭家元、会计陈方济，认定学会的唯一会务——出版刊物《土壤与肥料》，[①] 后期因战乱迁渝，资料甚微，在 1940 年第 23 届中华农学会年会上，陈方济[②]提出编辑中华农学会会员名册可用土壤肥料学会的经费。[③]

1945 年 12 月 25 日中国土壤学会在重庆北碚召开成立大会，通过了会章，确定了学会的任务，到会会员 37 人，有关单位代表 12 人。第一届理事会由李连捷、熊毅、陈恩凤、侯光炯、叶和才、朱莲青、黄瑞采 7 人组成，会员有 58 人。1946 年初，政府批准成立，并登报声明。1947 年的通信选举中，黄瑞采担任理事长，朱莲青担任书记，彭家元、周昌芸作为 10 年前中国土壤肥料学会的发起人，担任了中国土壤学会的监事。1954 年 7 月 16—28 日在北京召开新中国成立后的第一次代表大会，完成在新中国正式成立手续。学会主要代表有李连捷、黄瑞采、朱莲青、陈恩凤等。

1. 李连捷（1908—1992） 河北玉田人，土壤学家、农业教育家，中国土壤学学科创始人之一。1932 年毕业于燕京大学，应聘到北平中央地质调查所工作。1940 年赴美，次年获田纳西大学硕士学位后，继续到伊利诺伊大学农学院深造，1944 年获哲学博士学位，遂应美国军事制图局之聘，在美国联邦地质调查所军事地质组工作。1945 年回国后任中央地质调查所研究员，1947 年起任国立北京大学农学院教授，与陈华癸共同创建了我国第一个土壤肥料学系。

1949 年后历任北京农业大学土壤农业化学系教授、博士研究生导师、研究院副院长、中国科学院新疆综合考察队队长、中国农业遥感培训及应用中心主任等职。

1945 年 12 月 25 日，李连捷参与发起成立了中国土壤学会。1946 年初，政府批准成立并登报声明。在第一届理事会中，1946 年 1 月 5 日推选李连捷为理事长，其后担任第二、三、四届学会理事。1954 年 7 月 16—28 日，学会在北京召开新中国成立后的第一次代表大会，李连捷长期担任学会常务理事。

2. 黄瑞采（1907—1998） 字晧东，原籍湖南长沙，出生于江苏南京，土壤

---

① 《土壤与肥料》在中国土壤肥料学会成立后，由广东中山大学农学院负责，共出版了 3 期（1937年），其中 1-2 期为合刊。

② 陈方济（1891—1958），复姓"陈方"，浙江海宁人。1927 年在中华农学会工作，直至 1949 年，是中华农学会的骨干成员，期间曾任国立中央大学农学院农业化学系主任。

③ 凡僧：《显微镜下的第二十三届年会》，《中华农学会通讯》第 4 号，1940 年，第 15-16 页。凡僧系梁希的笔名。

学家、农业教育家。1929 年毕业于金陵大学农学院，后在中央大学农学院森林系任助教，次年回金陵大学任助教，1935 年赴美，1937 年获土壤学硕士学位。

回国后，为了加强学术交流工作，1945 年，他与朱莲青、张乃凤、李连捷等共同发起成立中国土壤学会，被选为首届理事会理事，并于 1947 年当选为理事长，后一直在学会担任领导职务。

3. 朱莲青（1907—1991） 浙江嘉兴人，土壤学家。1933 年获金陵大学农学学士学位。毕业后，在中央地质调查所土壤研究室、农林部林业试验所工作。新中国成立后先后担任华东农林部南京农业试验所研究员、农业部土地利用局工程师、农垦部荒地勘测设计院院长、农垦部建设局副局长、农牧渔业部土地利用局副局长等职。在土壤地理、土壤发生分类、水稻土的形成和特性、荒地勘测、农场规划以及全国土壤普查工作中做了大量实际工作、科学研究工作和组织领导工作，成绩卓著，为发展我国土壤科学事业做出了重要贡献。[①]

朱莲青是中国土壤学会的重要发起人之一，担任第一届理事会书记，第二、三届理事；在新中国成立，学会重新完成成立手续后，担任第二、三、四届理事。

4. 陈恩凤（1910—2008） 字惠同，江苏句容人，土壤学家、农业教育家。1933 年毕业于金陵大学农学院林学系，后由学校送至北平实业部地质调查所土壤研究室（现中国科学院土壤研究所）任调查员。1935 年赴德国柯尼斯堡大学攻读博士学位，1938 年回国后历任中央地质调查所土壤研究室技师，中国地理研究所副研究员，复旦大学教授、农艺系主任。1952 年起，历任沈阳农学院（现沈阳农业大学）土壤农业化学系主任、副院长、院长。长期从事土壤科学的教学和科研工作，在土壤地理、土壤改良和土壤肥力研究方面有重要贡献。

1945 年，他与我国老一辈土壤学家共同发起成立中国土壤学会，历任理事、

---

① 农业部全国土壤肥料总站：《我国著名土壤学家朱莲青（1907—1991）》，《土壤通报》，1992 年第 1 期，第 48 页。

常务理事和副理事长职务，1983 年因年事已高，改任顾问。1963 年组织成立辽宁省土壤学会，历任第一、二、三、四届理事长，1984 年改任名誉理事长。1957 年起负责筹备和创建《土壤通报》杂志，并任主编。

十、中国农业工程师学会

1945 年 5 月 5 日，中国农具学会在重庆合作会堂成立，潘光炯[①]任理事长，以"研究及改良中国农具，介绍及仿制外同农业机械，并集合同好，建立适合国情之农业机械学及农具学"为宗旨。因当时环境特殊，交通不便，未及向全国各地取得联络，仅有会员一百六十余人。[②] 后因经费困难，未能继续开展活动。

中国农业工程师学会是 1945 年我国赴美国学习农业工程专业的 19 名留学生，[③] 联合了其他渠道来美学习农业机械的学人共 30 余人决定发起成立的。1948 年 1 月 15 日在加州斯托克登（Stockton）召开了首次筹备会，当天到会 19 人，会上正式投票选举李克佐、李翰如、蒋耀三位组成筹备组，准备回国后联系国内学者，正式成立学会，团结全国有志之士，开展有关方面的工作。陶鼎来、张季高、蒋耀等当年中国农业工程师学会早期成员于 1979 年在浙江省杭州市正式成立了中国农业工程学会。

1. 陶鼎来（1920—2016）　湖北黄冈人，农业工程学家、社会活动家。1942 年毕业于西南联合大学机械工程系。1945 年考获"美国向中国导入农业工程计划奖学金"，1947 年毕业于明尼苏达大学农业工程系，取得农业工程学硕士学位，1948 年回国。新中国成立后先后在华东农林水利部、东辛农场、北京农业机械化研究所、中国农业机械化科学

---

① 潘光迥（1904—1997），上海宝山人。抗战时期曾任国民政府交通部人事司长、总务司长、欧亚航空公司董事、公路运输总局代局长、招商局副总经理等职。抗战胜利后，离职迁往香港经商。

② 《其它十六学会（协会）介绍：中国农具学会概况》，《中华农学会通讯》，1947 年第 79 - 80 期，第 34 - 35 页。中国农具学会总会设在重庆，办公地点暂借中国农业机械公司，常务理事潘光迥、秦含章、冯泽芳、蒋耀、顾之可、方根寿、章之汶。分会则仅设于成都，暂借金陵大学农学院办公，由章之汶、林查理、潘鸿声等负责。

③ 1944 年，时任中国政府驻联合国粮农组织（FAO）代表邹秉文倡议建立"美国向中国导入农业工程计划奖学金"。该计划由国民政府教育部在重庆、昆明、成都、西安四地同时公开招考，共组织 10 名毕业于农科大学和 10 名毕业于工科大学机械工程系、并且有两三年工作经验的共 20 名学生去美国学习农业工程，由万国农具公司提供全额奖学金。实际有一人未成行、一人转专业，故又称"农业工程十八个半"。

研究院、中国农业科学院、中国农业工程研究设计院等单位任职。他一生致力于发展中国农业工程类综合学科和事业，积极推动组建农业机械化、农业工程相关科学研究机构；对运筹学、区域规划、系统工程在农业上的应用进行了开拓性工作；争取并主持了我国第一个世界银行支持的大型农业区域开发建设项目，经济、社会和生态效益非常显著，推动了我国农业工程学科和事业的发展。

1948 年 1 月 15 日，陶鼎来作为"农业工程十八个半"之一，在美发起成立中国农业工程师学会。1979 年中国农业工程学会成立后，担任第一、二、三、四、五届理事会副理事长、常务理事，第三届咨询工作委员会主任委员，第四届《农业工程学报》主编，编辑委员会主任委员。

2. 张季高（1917—2007） 江苏苏州人，农业工程学家。1940 年毕业于金陵大学农学院，获农学学士学位。1942 年攻读金陵大学农艺学研究生。1940—1942 年任四川金堂县铭贤农工专科学校土壤肥料学助教。1944—1945 年任金陵大学农艺系土壤肥料组讲师。1945 年考取"美国向中国导入农业工程计划奖学金"，同年赴美，1947 年获艾奥瓦州立大学农业工程硕士学位。1948 年 6 月回国后，在善后救济总署机械农垦管理处江西分处从事机械化生产及研

究工作。1949 年 8 月调入复旦大学。1952 年任教于沈阳农学院，后兼任辽宁省农业机械化研究所副所长。1980 年任中国农业工程研究设计院副院长。

张季高为我国农业工程学科的建立与发展，加速农业现代化进程，进行了卓有成效的开拓性工作。[①] 1979 年，张季高被教育部任命为农业工程学科评议组成员。同年，他与陶鼎来等人积极向中国科学技术协会申请，在中国农学会下成立中国农业工程学会。张季高历任中国农业工程学会第一、二届常务副理事长兼秘书长，第三、四届名誉理事长。

3. 蒋耀（1913—2014） 江苏宜兴人，农业机械工程专家。1937 年中央大学农艺系本科毕业后，获农艺学士学位并留校任作物学助教，1942 年获本校农艺硕士学位，1949年 1 月获美国艾奥瓦州立大学农业工程硕士学位后回国，在母校开设农业工程专业课，参与筹建农业工程系。1952

---

① 中国科学技术协会：《中国科学技术专家传略·农学编·综合卷 1》，中国农业科技出版社，1996年，第 431 页。

年后在华东农业科学研究所农具系、南京农业机械化研究所等处任职。蒋耀致力于水稻育秧、移栽机械化的研究，先后组织并参与东风—2S型机动水稻插秧机的设计和水稻田间软盘育秧的研究，形成了具有中国特色的水稻育秧、移栽机械化模式，是我国第一批农业工程技术专家，我国农机化事业的开拓者之一。

1944年2月参与创组中国农具学会，在重庆召开的成立大会上被推选为首届学会理事；1948年在美国筹备中国农业工程师学会。1979年中国农业工程学会成立后，担任第一届农业工程编辑委员会委员。

4. 吴相淦（1915—2005）　湖南常德人，农业工程学家，农村能源学科奠基人，中国农业工程学科创始人之一。1937年从金陵大学农学院农艺系毕业后留校任教。1945年考获"美国向中国导入农业工程计划奖学金"，前往美国艾奥瓦州立大学农业工程系学习，1947年取得硕士学位。1948年9月回国，在金陵大学农学院农艺学系农业工程组任教，并筹建农业工程系，同年12月成为首任系主任，后历任南京农学院农机化分院、镇江农业机械学院（今江苏大学）农机化系教授、名誉系主任，南京农业大学教授。

吴相淦始终致力于中国农业振兴事业，他1943年加入中华农学会，1947年加入美国农业工程师学会成为初级会员。在美留学期间与其他留美学生一起组织了中国农业工程师学会筹备会。1979年中国农业工程学会成立后，担任第一、二届农业能源工程学术委员会主任委员，第二届学会常务理事。

第三章

十大学会创立阶段开展的主要工作

20 世纪前半叶，以中央大学农学院两个前身和金陵大学农学院三个涉农教育机构师生为主要组织者或骨干，陆续成立的十大学会，以会章（章程）为指引，确立了学会发展的理念，明确学会的组织机构及其相关职能，各方努力筹措经营，开展了创办期刊、组织年会演讲、实地调查等相关学术研究与交流，为政府和社会提供了建议和对策，推动了中国农业科学人才的发展。

1947 年，在中华农学会第二十六届年会暨农业界各专门学会联合年会的纪念特刊上，首篇文章《迎出席联合年会诸会友》的首段写道"四十年来我们的国家遭逢着几度剧烈的变革；四十年来我们的农业壁垒承受着不断的打击与摧残；四十年来我们的农界同胞过着收入微薄生活艰困痛苦煎熬的时日；四十年来我们的会友及农学同人捐献着精神与力量负担起改造农业作新农民的责任。一点点一滴滴凝结成现代农业的基础，这基础虽然很渺小，但根据萌芽的生命力的发荣滋长，是可以预卜的，萌芽的生命力是如何值得珍重！值得宝贵！"[1]

以十大农业与生物类学会同仁为代表的农业工作者，在国家危难、民族存亡的艰难时刻，在艰苦环境中孜孜以求，努力奋斗，用他们的热情和才华，推广农业科学理论、技术和良种，传播先进农业生产知识，组织学术交流，筹措活动经费，培养优秀农业人才，为中国农业农村发展做出了重要贡献。

一、确立学会发展理念

学会章程是学会的基本规范，是学会成立之初的首要确定环节。章程中所阐明的宗旨是学会的精神内涵，反映了学会发展理念。目前尚未收集提炼到中国畜

---

[1] 《迎出席联合年会诸会友》，《中华农学会通讯》，1947 年第 79 - 80 号，第 2 - 4 页。

牧兽医学会和中国农业工程师学会的完整章程。

从收集到的诸学会宗旨看（见表 3-1），有 3 点共通之处：一是团结农业科学工作者。通过"集合同志""联络同志"共建学术交流平台，保持学术至上的初心，增进同行情谊；二是"普及智识"，发挥社会服务的作用。在农业科学发展早期，诸多学会采取创办刊物、举办科学演讲，以传播农业科学知识，扩大农业科学的影响力；三是共谋学科事业发展。"研究学术，图农业之发挥""求农事之改进""建议林政，促进林业""共谋中国园艺事业之发展""以纯粹及应用植物学之进步""发扬吾国土壤学之理论"等宗旨无一不表明学会推崇学术至上，力图促进学科发展，振兴祖国农业科学事业的爱国精神。

表 3-1　各学会办会宗旨一览

学会	年份	办会宗旨
中华农学会	1917	研究学术，图农业之发挥；普及智识，求农事之改进
	1928	联络同志，研究农学，革新农业状态，改良农村组织以贯彻民生主义
中华森林会/ 中华林学会	1917	以集合同志，共图发达中国林学林业为宗旨
	1928	以集合同志，研究林学，建议林政，促进林业为宗旨
中国园艺学会	1934	以联络同志，共谋中国园艺事业之发展为宗旨
中国植物病理学会	1929	以联络同志、增进植物病理学识、共图中国植物病理事业之合作与发展为宗旨
中国植物学会	1933	以纯粹及应用植物学之进步及其普及为宗旨
中国动物学会	1934	以联络国内习动物学者共谋动物学智识之促进与普及为宗旨
中华昆虫学会	1944	以联合同志研究昆虫科学，增进人类幸福为宗旨
中国土壤学会	1945	以联络同志、研究土壤肥料问题，共谋中国农业之发展为宗旨

时运不济，因军阀混战，中华森林会会务于 1922 年 9 月终止，直至 1928 年重新成立；中华昆虫学会的成立也颇费周折，1932 年因日军侵犯淞沪，江苏省昆虫局停办，[①] 六足学会活动也随之终止，1937 年抗日战争的爆发，定于当年 8 月 20 日成立的中国昆虫学会因此改期，[②] 终至 1944 年 10 月 12 日，中华昆虫学会宣告成立。抗日战争期间，随着学术中心逐渐向中国西南地区迁移，诸多学术社团也都停止活动，十大学会也未能幸免。后来虽然各大学会会章都有过调整，但并未发生根本性的变化，各学会依然秉承着初创时期的学会发展理念，知行合

---

① 《江苏省昆虫局暂行停办》，《江苏省政府公报》，1932 年第 994 期，第 9-10 页。
② 《中国昆虫学会成立大会改期》，《申报》，1937 年 8 月 11 日，第 3 张。

一，所开展的工作也是对发展理念的一以贯之。

二、完善学会管理机制

（一）组织机构与会员

1. 组织机构　以中华农学会为例，随着机构规模、业务的扩张，组织机构在逐渐变化中（见表3-2）。

表3-2　中华农学会1917—1947年组织机构沿革[①]

年份	主持机构	主持人及任职时间	机　　构
1917	会长1人	陈嵘（1917—1921）	下设事务、研究、编辑三部
1919	事务部长1人主持会务		事务、学艺二部：事务部干事5人；学艺部专员5人
1920	总干事长1人		事务、学艺二部：事务部总干事11人；学艺部专员5人
1921	总干事长1人	王舜成（1922—1923）	事务、学艺二部：事务部总干事15人；学艺部专员5人
1924	正副干事长各1人	许璇（1924—1934）	全会干事12人；会报编辑员9人，推主任1人；各省地方干事若干
1928	执行委员会正副委员长各1人		执行委员19人，兼任文书、会计、编辑；各省地方干事若干；设事业扩充委员会；设基金保管委员会
1934	理事会正副理事长各1人		理事19人，兼任文书、会计各1人；各省地方干事若干；增设会报编辑、丛书编著、图书保管和耕雨奖学金委员会
1935	同上	梁希（1935—1941）	同上，增设叔玑奖学金委员会、叔玑奖学金保管委员会、耕雨奖学金保管委员会
1936	同上		同上，增设聘珍奖学金委员会、保管委员会
1942	常务理事会常务理事7人，含正副理事长各1人	邹秉文（1942—1948）	总务、编辑主任各1人，其余如旧
1943	同上		理事会推总干事1人负责会务；设总务、编辑、研究三组，各推主任1人；设基金保管及奖学金管理委员会；设编审委员，分科聘若干人
1945	常务理事5人，理事长、总干事各1人		其他如旧；增设留学奖金管理委员会；设监事会及常务监事会，监事9人，常务监事3人

[①]　根据陈方济《三十年来之中华农学会》、中国农学会官网等资料整理而成。

由表 3-2 可知，中华农学会从 1917 年成立初期会长 1 人，下设事务、研究、编辑三部，再到 1945 年后设常务理事会（包含理事长和总干事各 1 人），下设总务、编辑、研究三组以及各基金保管、奖学金管理委员会（包括留学奖金委员会）；同时设有常务监事会，机构规模逐年扩大，可见中华农学会"其所能达此境地者实非一手一足致力，而为数千会员之勠力同心与各界人士之提携援助，方可臻此耳"。[①]

其他学会的机构设置，如 1928 年恢复的中华林学会，理事会下设总务、林学、林业、林政及各种委员会；中国园艺学会设有执行委员会，包括总务、交际、文书、会计和出版委员；中国植物学会的机构有董事会、评议会、编辑部，机构设置几近相同，不难看出，总务、出版和研究是学会的立身之本。

关于各学会职员的任期，简单罗列于表 3-3。

表 3-3 各学会职员任期一览

学会/章程年份	职员任期
中华农学会/1928	执行委员会任期 2 年为限，连举连任
中华森林会/1928	理事任期 1 年，单年改选 5 人，双年改选 6 人，经全体会员投票选决，但连举得连任
中国园艺学会/1934	7 人每年改选 2/7，抽签推出，连举得连任不超过 2 次
中国植物病理学会/1929	1 年，年选不超过 2 届
中国植物学会/1933	董事会任期 3 年，每年改选 1/3，连选得连任；职员任期 1 年，会长、副会长只能连任 1 次
中国动物学会/1934	董事会 6 年一任，2 年选举 2 人，连举连任；理事会任期 1 年，连举连任；编辑任期 5 年，连举连任
中华昆虫学会/1944	理监事任期 2 年，候补理监事任期 2 年，但连选得连任，均为无薪职位
中国土壤学会/1945	理事长 1 年，不得连任 4 次；监事 3 年，连选连任

2. 会员组成 根据各学会早期发布的会章，其会员分类统计如表 3-4 所示。

表 3-4 各学会会员分类

学会/章程年份	会员分类
中华农学会/1928	会员、永久会员、机关会员、赞助会员、名誉会员
中华森林会/1928	普通会员、基本会员、机关会员、赞助会员、名誉会员
中国园艺学会/1934	会员（普通会员、永久会员）、赞助会员

---

① 陈方济：《三十年来之中华农学会》，《中华农学会通讯》，1947 年第 79-80 期，第 17 页。

（续）

学会/章程年份	会员分类
中国植物病理学会/1929	会员
中国植物学会/1933	普通会员、特会员、机关会员、名誉会员、赞助会员、永久会员、仲会员
中国动物学会/1934	普通会员、特种会员、机关会员、名誉会员、赞助会员及永久会员
中国畜牧兽医学会[1]	普通会员、永久会员、团体会员、永久团体会员
中华昆虫学会/1944	会员、永久会员、团体会员、赞助会员、名誉会员
中国土壤学会/1945	基本会员、赞助会员、名誉会员、团体会员、会友

从某种意义上说，中国科学社具有近代科技社团和学会母体的地位。民国时期，近代学会大都遵循着与中国科学社大致相同的组织形式，即制定了指导性文件"社章"，规定各位成员的专业标准。[2] 从表3-4中可以看出各学会的会员分类大体相同，普通会员的入会标准只有稍许出入，基本为热心从事该项工作或从事时间数年以上（中国园艺学会、中华昆虫学会均要求从事该项工作3年以上），需要2名会员介绍，其他会员的标准也不尽相同。值得一提的是，部分学会如中国植物学会设仲会员，一般是指大学未卒业之学生或研究学者，由本会会员二人介绍通过的会员。几乎所有学会都设有赞助会员，以期热心人士支持学会事业发展，也设有名誉会员，以尊敬在学界享有盛誉，协助学会事业发展之人。

各大学会的会章中，基本都阐述了会员的权利与义务。权利方面，仲会员无选举权和被选举权；一般会员"有选举被选举及常会临时会之议决权，且不论何种会员有享受本会书报之赠送或减价之权利。"义务方面，中国植物学会规定"本会会员有担任会中职务及其他调查、采集、研究、编译与缴纳会费、遵守会章等之义务。"中国土壤学会规定"遵守本会章程；担任本会所指派之职务，缴纳会费。"

（二）经费管理与筹措

1. 中华农学会的收支情况　中华农学会的资料较多，可考证的资料比较完备。依据中华农学会1930—1936年间的收支统计表，可以看出学会常年收入主要为会费、年会费、售报费、广告费、维持费、基金利息（自1935年起）等，

---

① 中国畜牧兽医学会会章未能找到，但该会员分类见《中国畜牧兽医学会理事会启事》，《畜牧兽医月刊》，1948年第1-3期，第17页。

② 张剑：《中国科学社组织结构变迁与中国科学组织机构体制化》，《近代中国》，1997年第00期，第133-134页。

非常年的收入有考察团补助费（1930 年）、丛书津贴（1926 年）。会费包括入会费、常会费、机关会费和永久会费。1930—1936 年的 7 年间的会费按照总金额排序，分别为常会费 8 299.541 元、机关会费 4 480 元、永久会费 1 945.9 元和入会费 648 元。年费分为年会费 1 969 元和年会补助费 3 500 元，年会补助费总额约为年会费的 1.5 倍。学会的每年支出也均等同于每年收入，开支主要有印刷费 12 871.44 元、薪水 6 338.5 元、年会开支 3 555.788 元、文具邮电纸张 2 795.185 元、书用报具 512.132 元、电灯电话 980.81 元、酬劳 386.36 元、保险 373.5 元、旅行装修 226.417 元、开会费 143.522 元、津贴分会 137.869 元等费用。1937 年银行处结存 316.45 元，会计处结存 25.055 元。7 年银行累计结存 6 158.54 元，会计处结存 564.251 元。[1]

中华农学会经常费收支报告（1936 年）

再据中华农学会经常费 1938 年收支报告反映，年度收支均为 5 152.65 元。收入主要有：补助费、会员费等 2 863.87 元（有补助费 2 200 元，常年会费 270 元，机关会费 70 元，第二十一届年会费 195 元，特别捐助 93.84 元等），各类基金利息 1 150.67 元，上年各类结存 1 138.11 元；支出主要有：人员薪水和办公经费 2 518.97（有人员薪水 672 元，印刷费 503 元，第二十一届年会支出 617 元，南京旧会所开支 329 元等），送各类银行的存款 2 155.435 元，其他各类结欠费 478.25 元。[2]

---

① 陈嵘：《中华农学会成立二十周年概况》，《中华农学会报》，1936 年第 155 期，第 21 页。
② 《〈中华农学会近况〉及中华农学会请派员参加其二十三届年会的文书》，1938 年 4 月至 1940 年 5 月，中国第二历史档案馆 11 - 7353 - 6。

从以上两份报告可以看出，会费和年费是中华农学会年收入的主渠道，其中尤以常会费和年会补助费最多，往年机关费用均大几百元，1938年因战乱，机关会费仅为70元。支出项中，印刷费用最多，其次为人员薪水、年会开支。1938年的学会年度结存资金为2 155.435元，达年收入的41.8%，说明学会理财能力较强，注重资金及时结存。增加学会经费自筹是搞活学会的关键。①

1917—1937年期间，中华农学会除会员所缴纳的常年会费留作该会日常开支外，所有机关会费、永久会员和赞助会员的会费和会员入会费以及其他捐款等一并存入银行生息，经陈嵘、陈方济等苦心维护，以至越积越多，为该会的业务发展做出了有益的贡献。到1947年，中华农学会的经费收入总额仍高达三亿一千三百余万元（约可折合通货膨胀前的二十余万元）。②

2. 经费筹措渠道　中华昆虫学会在会章中提及经费的六种来源：①会员入会费、常年会费及永久会费；②团体会员之入会费及长年会费，前两项之入会费及永久会费均做本会基金；③会员之特种补助费；④赞助会员之捐款；⑤关系机关或团体之补助费；⑥其他捐款。③再根据中华农学会收支情况表以及其他学会的经营情况，归纳出学会的经费筹措渠道有会员会费、政府拨款、依托单位补助、储蓄利息、推广与合作服务、个人捐助设立奖项、发行期刊和募捐等八种主要形式。

（1）会员会费：学会的性质与企业、政府等组织有所不同，承载的组织功能及作用也会不同，企业靠商品、利润来吸引社会，政府往往靠公共权力来管理社会，学会则是价值中立的社会机构，靠科学家共同体的共同愿景、科学精神和高尚的志愿精神共同来管理和运作。④作为民间的学术团体，近代学会不能得到政府稳定的拨款支持，必须有其他持续、稳定的经费来源以保障其运转。于是，会员会费就成为了重要的经费来源，这也是学术团体最稳定、最基本的收入。

中国植物学会除有与中国科学社相同的六类会员外，还有机关会员。六类会员产生方式和缴费标准与中国科学社的一致，机关会员的常年会费较高，每年需

---

① 廖道洲：《关于学会经费来源的探讨》，《学会》，1988年第2期，第30-31页。
② 吴觉农：《中华农学会——我国第一个农业学术团体》，《中国科技史杂志》，1980年第2期，第78-82页。
③ 《中华昆虫学会章程》，《中华昆虫学会通讯》，1947年第1期，第8-9页。
④ 杨文志：《论学会的基本功能和作用》，《学会》，2005年第5期，第7-10页。

缴年费 50 元。① 因此，会员缴纳会费是近代学会筹措资金的普遍形式。

下面以中华农学会会员人数为例（表 3 - 5），可以说明学会收入情况。当然，由于当时经济萧条、通货膨胀，会费也会有所提高，也有会员缴纳会费的人数较少的情况存在。

表 3 - 5　抗战期间中华农学会会员人数②

年份	会员总数	年份	会员总数	年份	会员总数
1916	50	1927	1 387	1938	2 888
1917	110	1928	1 515	1939	2 933
1918	194	1929	1 771	1940	3 256
1919	293	1930	1 827	1941	3 864
1920	424	1931	1 958	1942	4 376
1921	756	1932	2 027	1943	4 682
1922	910	1933	2 097	1944	4 896
1923	1 072	1934	2 152	1945	5 954
1924	1 154	1935	2 332	1946	6 101
1925	1 224	1936	2 693		
1926	1 292	1937	2 849		

（2）政府拨款：政府拨款在某些特殊情况下是学会获取经费的特别措施，但拨款时间和数量皆不固定。

"中华农学会 1926 年第九届年会，各地会员不顾北洋军阀和当地政府的监视和阻挠，无不怀着一颗欢庆国共合作的革命热烈心情，毅然从各地纷纷南下，不畏长途跋涉和政治压迫，赶着参加了这届年会。只有这届广州年会，与会会员往返上海、广州间所需船费，都由招商局轮船公司免费供应，在广州的食宿费用，也都由当地政府招待……这就不由得不使我联想起现在的中国农学会在开会时所有与会人员的一切费用全部由国家承担的这一创举。"③

据中华农学会会志记载，有一次"中央农商部"曾批准拨款 5 万元，以充

---

① 肖蕾：《民国时期的中国植物学会》，《河北北方学院学报》，2014 年第 30 卷第 3 期，第 43 - 48 页。
② 《中华农学会通讯》第 79、80 期合刊本，1947 年 11 月。转引自曹幸穗：《抗日时期的中华农学会——（附录）抗日时期各届学术年会论文目录》，《中国农史》，1986 年第 4 期，第 81 页。
③ 吴觉农：《中华农学会——我国第一个农业学术团体》，《中国科技史料》，1980 年第 2 期，第 78 - 82 页。

"补助经费"，实际结果是"画饼充饥，一文莫名"。①

（3）依托单位补助：依托单位补助一度是学会发展主要资金来源之一，但稳定度不高，与依托单位的经济实力有关。譬如，1922 年由秉志、胡先骕等人发起成立的中国科学社生物研究所，最初并没有经费支持，研究人员都是东南大学生物系教师兼任的。1923 年中国科学社得到江苏省财政厅补助，每月拨给生物研究所 300 元，1931 年因财政困难停止拨款。好在生物所朝气蓬勃的工作引起了中华教育文化基金董事会（以下简称中基会）的注意。② 中基会从 1926 年开始，补助该所经费 15 000 元，另补助设备费 5 000 元，以维持其发展。中基会此后对该所每年都有补助，直至抗日战争发生后该会停止工作。事实上，在此以前，中基会还补助该所建筑费 20 000 元，与中国科学社拨给的 20 000 元共计 40 000元，在南京成贤街旧址建筑二层楼房，包含陈列室、图书馆、研究室等，是研究所新址。③

（4）储蓄利息：为奖励农业专科以上学校及农业研究所开展农学相关研究，中华农学会自 1943 年起，以奖学基金 20 余万元利息的 60%，作为各个农学院研究生奖学金；40% 作为一般农业专科学生奖学金（表 3 - 6）。前者确定奖励人数为 12 名，后者确定奖励人数为 100 名。④

表 3 - 6 中华农学会各种基金存款一览表（1939 年 3 月 11 日）⑤

基金种类	金额		年利	期限	到期			存款银行	存单保管处
	定期（元）	活期（元）			年	月	日		
本会基金	4 150.00		九厘	一年	28	10	5	交通银行	美丰银行
本会基金	1 800.00		八厘	一年	28	10	15	上海银行	同上
本会基金	1 000.00		七厘	一年	29	3	11	交通银行	同上
本会基金		275.34	五厘	活期				金城银行	本会
叔玑基金	8 400.00		一分	一年	28	9	2	金城银行	美丰银行

---

① 华恕：《中国农学会 66 周年纪念刊：我国农业学术团体之沿革与现状》，农业出版社，1985 年，第 13 页。

② 薛攀皋：《中国科学社生物研究所——中国最早的生物学研究机构》，《中国科技史料》，1992 年第 2 期，第 49 页。

③ 任鸿隽：《中国科学社社史简述》，《中国科技史料》，1983 年第 1 期，第 9 页。

④ 吴觉农：《中华农学会——我国第一个农业学术团体》，《中国科技史杂志》，1980 年第 2 期，第78-82 页。

⑤ 《〈中华农学会近况〉及中华农学会请派员参加其二十三届年会的文书》，1938 年 4 月至 1940 年 5 月，中国第二历史档案馆 11—7353-5。

（续）

基金种类	金额		年利	期限	到期			存款银行	存单保管处
	定期（元）	活期（元）			年	月	日		
叔玑基金		1 057.95	五厘	活期				金城银行	同上
叔玑基金		92.69	五厘	活期				浙江兴业银行	同上
小计	15 350.00	1 425.98							
耕雨基金		8.27	五厘	活期				浙江兴业银行	同上
耕雨基金		0.18	五厘	活期				同上	同上
耕雨基金		1.00	五厘	活期				同上	同上
小计		9.45							
聘珍基金	590.60		九厘	一年	28	10	5	交通银行	同上
聘珍基金		28.52	五厘	活期				金城银行	同上
小计	590.60	28.52							

（5）推广与合作服务：1928年，为推广德国爱礼司肥料公司出产的"狮马牌"化学肥料，对稻、麦、棉等主要农作物进行肥效试验，中华农学会与该公司合作，在上海合办了农学研究所，并附设农事试验场。该公司除供给有关图书和仪器设备外，每月还拨付官银1 000两，充作试验研究的经费，后因该公司的无理要求，中华农学会自动无条件地解除了合作协议。[①]

邹秉文借1943年赴美国出席联合国粮农组织会议的机会，首先和美国万国农具公司接洽，争取了农业方面奖学金额20名；后来又分别和美国华盛顿州立大学等6所农学院联系，共计取得了农业方面奖学金和其他奖学金名额多名。所有农业方面奖学金的留学生，从招考、录取到选送，都是通过中华农学会来办理的。[②]

（6）个人捐助设立奖项：1932年，年仅36岁的农业病虫害虫专家费耕雨立遗嘱将其生平所蓄4 100元[③]捐献设立奖学基金；1946年，棉作育种学家俞启葆为纪念他的棉作学教授冯肇传，捐款500美元，设立冯肇传奖学金。至20世纪40年代末，中华农学会先后设立的各类奖励基金9种（具体情况参见本书第55~59页相关内容）。

---

① ② 吴觉农：《中华农学会——我国第一个农业学术团体》，《中国科技史杂志》，1980年第2期，第78-82页。

③ 吴觉农先生认为捐款数量是费耕雨一生工资积余的银行存款10 000余元。参见吴觉农：《中华农学会——我国第一个农业学术团体》，《中国科技史杂志》，1980年第2期，第78-82页。

（7）发行期刊：学会创办的期刊，不但起到了促进学术交流和发展的作用，还为学会解决了部分的活动经费，成为学会收入来源，甚至是维持部分期刊运行的主要经费来源，杂志起到以刊养会的作用。

《中华农学会会报》专业性较强，内容比较丰富，因此不仅会外订阅者极为踊跃，国外订阅和函请交换者也络绎不绝，一致认为它是国内重要会报之一。[①]中华农学会1930—1936年的收入表中，7年间售报费达5 579.47元，仅次于会费收入。

（8）募捐：中华农学会还发行农业丛书23种。这些专业性较强的丛书，由于销量的关系，各书店多不愿承印发行。因此，其中的大部分是会员自己出钱印刷而由该会代为经销的。[②]

陈嵘在担任中华农学会理事期间，曾为该会筹募资金，于1930年在南京双龙巷购置地皮，为该会新建了会所。同时，他自己还为学会捐钱捐书，积累基金20余万元。[③]

中华农学会西迁重庆后，会内外热心同志，佥以为《会报》系农学界历史最久之出版物，未可听其停刊，乃捐集印刷费，于1938年8月，在渝复刊一册，继又由本会节资续刊，出版三册。[④]后得上海的会友相助，自第169期起，转送文稿至上海印刷出版，直至173期。[⑤]

三、开展学术研究与交流

学术研究与交流是学会的重要工作，其中包括学术成果出版交流、年会交流、实地调研等会务（职能）。

（一）出版刊物

十大学会利用各自创办的学术期刊，扩大自身及学会的影响，将在第四章详细说明。除了出版物中学术内容交流之外，早期成立的其他农业学术团体尚无力

---

①②③ 吴觉农：《中华农学会——我国第一个农业学术团体》，《中国科技史杂志》，1980年第2期，第78-82页。

④ 《〈中华农学会近况〉及中华农学会请派员参加其二十三届年会的文书》，1938年4月至1940年5月，中国第二历史档案馆11—7353-1、2。

⑤ 曹幸穗：《抗日时期的中华农学会——（附录）抗日时期各届学术年会论文目录》，《中国农史》，1986年第4期，第79-88页。

单独出版自己的刊物时,《中华农学会报》是学会出版交流的主要媒介。

如中华作物改良学会,就是作为中华农学会的专科学会之一,1932 年 2 月由在康奈尔大学的 6 位中国留学生马保之、程世抚、金善宝、冯泽芳、卢守耕、管家骥率先发起。[①] 次年移回南京,并入中华农学会。[②] 在中华作物改良学会的会员要求中,规定每人每月至少需交外国名著之中文摘要一篇,送交《中华农学会报》刊登,1932 年、1933 年中华农学会报每期后面之论文摘要,大多出自该会会员之手笔。[③] 会员要求中还规定,每一会员必须订阅一种以上欧美著名杂志,每月将杂志上发表之重要作物论文目录油印分送各会员,每月举行学术演讲会一次,会员需预先分任题目,准备演讲,并油印大纲分送听讲人员。

同样的还有中国植物病理学会,该学会会员同时也是中国农学会会员,他们经常在中国农学会集会活动时举办自己的会议,同时一些研究文章也发表在《中国农学会报》上。

早期中华森林会会员撰写的林学论文也都在《中华农学会丛刊》上发表,直至 1921 年出版自己的刊物《森林》。在 1931 年后,中华林学会《林学》杂志停刊后,会员继续在《中华农学会报》上发表文章。

(二) 召开年会

学术交流中,各学会也在章程中确定了年会制度。

召开时间上,早期的中华农学会将常会定为每年 8 月,中华森林会定每年夏季开会,中国园艺学会商定年会举办时间为每年的 11 月 1 日,中国植物学会、中国动物学会因与中国科学社关系密切,年会总是与中国科学社的年会一起举行。

召开年会的程序较为简单。中华农学会、中华森林会在 1928 年修订后的会章中规定每年一次的年会,日期及地点由执行委员会决定,但需提前一个月通知会员。关于临时大会,中华昆虫学会规定理事会认为必要时,或有会员 20 人以

---

① 金作怡:《金善宝》,中国农业科学技术出版社,2015 年,第 41 页。1932 年 7 月,金善宝等 6 位中国留学生又联名冯肇传、沈宗瀚、赵连芳、郝饮铭、沈寿铨、周承钥合计 12 人在《中华农学会报》发表《中华作物改良学会缘起及旨趣》,正式宣告中华作物改良学会成立。

② 《中国农学会 66 周年纪念刊:我国农业学术之沿革与现状》,1985 年,第 163 - 164 页。1961 年 12 月,中国作物学会在湖南长沙召开第一次会员代表大会,正式宣布成立,大会选举金善宝为理事长,学会隶属于中国农学会。

③ 《其他十六学会(协会)介绍　中华作物改良学会简史》,《中华农学会通讯》,1947 年第 79、80 期,第 38 页。

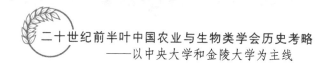
上之请求，表明会议目的及召集理由时，由董事会召集召开临时大会。

关于年会讨论的内容，中华农学会的年会除报告及讨论会务外，尤注重论文宣读与专题讨论。[①] 中国植物病理学会1929年的暂行简章中，规定年会上需要讨论"一、报告研究之心得；二、修订会章；三、讨论关于病理各种问题；四、提议及解决一切会务；五、决选新会员；六、选举查账员稽核款项出纳及一切账目报告；七、选举职员。"[②] 中国植物学会、中国动物学会均在章程会务中的首条列出"（甲）举行定期年会宜宣读论文，讨论关于植物学研究应用及教学种种问题"[③] "举行常年大会，宣读论文，讨论关于动物学之研究及其应用知识及教学方法等"。[④] 由此可见，学术研究方面的交流，是年会交流中的重心。

值得一提的是，1926年北伐战争前夕，中华农学会在广州举行第九届年会，应邀出席的来宾除了国民政府代表孙科、国民党中央党部代表甘乃光、黄埔军校代表方鼎英及广东督学李敦化，农民运动讲习所所长毛泽东也参会指导。他代表农民运动讲习所致辞中提到"农民是农业的根本，也就是中国的根本，诸位今天参观，最好就下乡去，到民间去，直接去指导农民……"[⑤]

随着学会的发展，年会的规模也在扩大中。从1918年7月中华农学会第一届年会在上海江苏省教育会召开，出席会议仅20人，到1947年12月，中华农学会联合17个农业界各专门学会[⑥]（见表3-7）在南京召开年会，到会代表共计600多人。

表3-7　1947年12月在南京召开联合年会的17个农科学会

序号	正式成立年份	农科学会名称
1	1917	中华森林会
2	1926	新中国农学会*
3	1929	中国园艺学会
4	1929	中国植物病理学会
5	1932	中华作物改良学会

① 陈方济：《三十年来之中华农学会》，《中华农学会通讯》，1947年第79、80期，第9-10页。
② 《中国植物病理学会暂行简章（1929）》，南京大学档案馆649-124-19。
③ 《中国植物学会章程（1933）》，南京大学档案馆649-124-2。
④ 《中国动物学会缘起》，《科学》，1934年第18卷第7期，第1002-1005页。
⑤ 华恕：《中国农学会66周年纪念刊：我国农业学术团体之沿革与现状》，中国农学会，1985年，第102页。
⑥ 章楷：《略述中华农学会》，《中国农史》，1985年第4期，第101-104页。

（续）

序号	正式成立年份	农科学会名称
6	1936	中国畜牧兽医学会
7	1937	中国农业经济学社
8	1939	中国农业推广协会
9	1942	中国稻作学会
10	1942	中国农具学会
11	1944	中华昆虫学会
12	1944	中国农业经济建设协会
13	1944	中国农场经营学会
14	1944	新中国建设协进会
15	1945	中国土壤学会
16	1945	中国水土保持协会
17	1946	中国农政协会

　　＊　新中国农学会是由李石曾、谭熙鸿、皮作琼、常宗会、毛庆祥于1926年在法国巴黎组织成立，1930年在南京正式奠定基础，办有示范农场，出版《新农通讯》月刊，共有会员200人左右。

　　这样的联合年会，早在1918年，中国科学社便与中国工程学会在美国伊萨卡联合召开过，而自1934年后至新中国成立前，中国科学社的年会均与中国植物学会、中国动物学会等其他学会合办召开。在1934年中国科学社的联合年会上，1933年成立的中国植物学会召开了第一届年会，宣读植物相关文章20余篇；[①] 中国动物学会成立并召开第一届年会，宣读文章40余篇。[②] 在后续的年会上，中国动物学会提交的论文均占中国科学社联合年会中各学术团体的首位，由此可见中国动物学会在年会交流中的热情。中国动物学会除了年会上的学术交流，在昆明、广州等处，还举行了学术讨论会议，中国动物学会会长郑作新认为这对学会发展起到了一定的作用。[③]

（三）国际交流合作

　　在20世纪前半叶，太平洋科学会议是太平洋地区甚至在全世界范围内都有重大影响的国际学术会议，对民国时期中国的科学发展产生了多方面深远的影响。

---

　　① 王良镭、何品：《中国科学社档案资料整理与研究·年会记录选编》，上海科学及技术出版社，2020年，第262页。

　　② 郑作新：《中国动物学会五十年》，《中国科技史料》，1985年第6卷第8期，第44页。与《中国科学社档案资料整理与研究·年会记录选编》第262页中记载的70余篇动物生理文章不符，笔者采用40余篇的说法。

　　③ 郑作新：《中国动物学会五十年》，《中国科技史料》，1985年第6卷第8期，第44页。

1926 年第三届太平洋科学会议在日本东京召开，中华农学会派出了学会代表沈宗瀚参加，宣读论文《对于中国棉花选种之意见》。[①] 同时参加的还有中国科学社成员胡先骕。之后第四、五、六届太平洋科学会议，参会者有董时进、胡先骕、陈焕镛、沈宗瀚、凌道扬、钱崇澍等中华农学会、中华林学会、中国植物学会等学会的会员。

中华农学会自 1926 年开始与日本农学会合作，每年互派专家，调查研究农业科教等方面的情况。[②] 1930 年 4 月，日本农学会在东京举行年会特别扩大会，中华农学会与中华林学会共同派代表 5 人参加。中华林学会代表为曾济宽、张海秋、傅焕光 3 人，他们分别演讲了《中国南部木材供需状况并财政上之方针》《中国森林历史》和《总理陵园计划》。1931 年"九一八"事变发生后，中华农学会断然废止合作。

中国植物学会在 1933 年 8 月成立后，9 月即派出陈焕镛、李继侗会员代表出席在荷兰召开的第六届世界植物学会，讨论植物学各问题。[③] 抗日战争胜利后，中国园艺学会在组织复会工作时，联络世界各国园艺学术团体、交换世界各国园艺作物品种也是其主要活动，园艺学术团体包括美国园艺学会、英国皇家园艺学会、法国园艺学会、加拿大园艺学会、印度园艺学会、巴基斯坦园艺学会等。[④]

（四）实地调查

实地调查是农业科学，尤其是植物科学进行科学研究的一项重大活动。

早在中国植物学会成立以前，植物分类学的采集工作是由中华农学会的早期会员胡先骕、钱崇澍、陈焕镛等开始的。陈焕镛是现代植物学家在海南岛采集标本的第一人。1919 年秋他在美国哈佛大学植物学系毕业后，独自一人，用奖学金雇请民工一起深入五指山林区采集植物标本。1922 年夏，中国植物学家陈焕镛、钱崇澍和秦仁昌组成中国自行组织的第一支调查队——鄂西植物调查队，从宜昌出发，经兴山、神农架东侧到巴东，采得了近 1 000 号标本。[⑤]

---

① 沈宗瀚：《沈宗瀚自述（上）》，黄山书社，2011 年，第 99 页；刘亮：《太平洋科学会议及其对民国时期科学发展的影响》，《北京林业大学学报（社会科学版）》，2015 年第 14 卷第 2 期，第 5 页。

② 华恕：《中国农学会 66 周年纪念刊：我国农业学术团体之沿革与现状》，中国农学会，1985 年，第 13 页。

③ 《中国植物学概况》，《科学》，1936 年第 20 卷第 10 期，第 829－831 页。

④ 华恕：《中国农学会 66 周年纪念刊：我国农业学术团体之沿革与现状》，中国农学会，1985 年，第 120 页。

⑤ 《中国现代植物分类学奠基人——记中国科学院学部委员（院士）陈焕镛教授》，《稻花香——华南农业大学校友业绩特辑》，广东科技出版社，2009 年。

中国植物学会成立后，以学会名义组织实地调查，并将调查结果刊登于《中国植物学杂志》。在云南经 3 年采集植物标本 6 000 余号的会员蔡希陶，还发现了一些珍奇植物；会员俞德浚则深入四川的西北和西南大小凉山地区，采得标本 2 000 余号。此外，还有很多植物学家，也在我国很多省区采集了大量的植物标本。当时因为经费有限，所以采集工作是由一二人进行，而且生活和工作条件也极其艰苦，有的同志如邓世纬、邓祥坤和陈谋等都在采集工作中献出了自己的生命。[①]

水杉的发现是近现代中国科学史上的一件盛事，轰动了当时世界植物界，这是中国植物学家对世界植物学研究的一大贡献，也是农学学术团体成员互相协作的体现。1941 年冬，中央大学教授干铎在四川万县谋道溪（又名磨刀溪，现属湖北省利川市）发现一株高 30 余米的大树，由于当时新叶未发，而他又匆匆赶路，便未采集标本，干铎拜托当时万县农校的杨龙兴代为采集标本。1942 年，杨龙兴将一份有叶、无花无果的标本托人送与干铎，干铎随即送给树木学教授郝景盛请他鉴定，然而这份珍贵的标本后来不慎遗失了。1943 年 7 月，农林部中央林业实验所技工王战前往湖北西部神农架考察森林，经杨龙兴介绍和建议，在经过谋道溪时采到水杉的枝叶、果实标本（仅缺失花）。王战认为该标本是水松，并做了相关记载。1945 年夏，王战将标本交给中央大学森林系树木学教授郑万钧[②]鉴定。郑万钧认为它的枝叶外形虽像水松，但叶对生，球果鳞片盾形、对生，既不是水松，也不是北美红杉，在现存的杉松类中应该是一个新属。1946 年秋，郑万钧鉴于当时南京的有关资料不多，便将一份标本寄交北平静生生物调查所胡先骕，请他查阅文献。1948 年 5 月，胡先骕和郑万钧联名发表《水杉新科及生存之水杉新种》一文，明确了水杉在植物进化系统中的重要地位，这一认定得到了国内外植物学、树木学和古生物学界的高度评价。[③]

（五）审定名词

正如第一章所言，引进西方农学理论、技术是改变当时农业困境最行之有效的途径，但也面临着西方各科名词翻译不统一的困境，从而制约农业的发展。如西方人士称中国为"世界园林之母"，园艺植物丰富异常。但是绝大多数国产果树、蔬菜、花卉的拉丁学名是外国人定的，甚至不少中国园艺植物的品种分类也

---

① 《中国植物学会五十年》编写组：《中国植物学会五十年》，《中国科技史料》，1985 年第 2 期，第 51 页。

② 郑万钧（1904—1983），江苏徐州人。国立中央大学森林系教授。1940 年 6 月经李寅恭、梁希介绍，加入中华农学会，曾任中国林学会第四届理事长。

③ 张志翔、黄今、王亚超：《水杉，复活的"化石"植物》，《中国绿色时报》，2019 年 6 月 10 日第 3 版。

硬搬外国的系统。① 作为拥有诸多权威专家的农业学术团体，十大学会在成立后，对农学诸多领域的名词审定，起到了重要的推动作用。

1918 年，国民政府教育部批准中华医学会等发起成立的医学名词审查会更名为科学名词审查会，并给予经费支持，审查范围由医学名词扩大到各科名词。② 中华农学会自 1921 年起，每年选派会员出席科学名词审查会，直至 1930 年。③ 中华农学会由中国科学社引荐，成为科学名词审查会基本组成的 11 个科学团体之一。④

中国科学社在成立后，制定了严密的章程来开展科技译名统一工作，由分股委员会厘定科技译名。中国植物学会、中国动物学会虽然成立较晚，但学会创始人作为中国科学社中各科分股重要成员，在《科学》杂志上发表《万国植物学名定名例》（2 卷 9 期）、《园艺植物英汉拉丁名对照表》（6 卷 12 期）和《昆虫之中文命名问题》（24 卷 3 期）等文章。⑤ 在第六届世界植物学会上，中国植物学会会长陈焕镛担任大会中分类及名词翻查组常务委员。⑥ 中国动物学会曾主导审查动物发生学与比较解剖学名词，在其主导下，审查委员会共审定动物发生学名词 1 750 条，由当时的教育部于 1935 年 10 月公布；比较解剖学名词 5 462 条，由教育部于 1937 年 3 月公布。⑦

中国畜牧兽医学会在 1936 年 7 月召开的首届年会上提出了关注畜牧兽医名词的翻译问题，"是以欲图国内畜牧兽医学术之进步，必须有统一之译名，特建议本会组织专门委员会办理之所得"。⑧ 在 1947 年第五届年会上，中国畜牧兽医学会正式决议"通过组织畜牧与兽医定名委员会，分别草拟畜牧兽医各项专门名

---

① 南京农业大学园艺学院：《南京农业大学园艺学院院史》，中国农业出版社，2018 年 9 月。

② 温昌斌：《民国科技译名统一工作实践与理论》，商务印书馆，2011 年，第 131 页。

③ 陈嵘：《中华农学会成立二十周年概况》，《中华农学会报》，1936 年第 155 期，第 11 页；但科学名词审查会会务于 1927 年底移交中华民国大学院（教育部）译名统一委员会，翌年大学院改组，译名事业归教育部编审处办理，1932 年成立国立编译馆。见张大庆：《中国近代的科学名词审查活动：1915—1927》，《自然辩证法通讯》，1996 年第 5 期，第 50 页；温昌斌：《中国近代的科学名词审查活动：1928—1949》，《自然辩证法通讯》，2006 年第 2 期，第 75 页。

④ 《第十二届科学名词审查会记事》，《中华医学杂志》，1926 年第 12 卷第 4 期，第 434 - 446 页。转引自张大庆：《中国近代的科学名词审查活动：1915—1927》，《自然辩证法通讯》，1996 年第 5 期，第 50 页。

⑤ 温昌斌：《民国科技译名统一工作实践与理论》，商务印书馆，2011 年，第 129 页。

⑥ 左景烈：《海南岛采集记》，《中国植物学杂志》，1934 年第 1 期，第 59 - 89 页。转引自肖蕾：《民国时期的中国植物学会》，《河北北方学院学报（社会科学版）》，2014 年第 3 期，第 45 页。

⑦ 《国立编译馆工作概况》，国立编译馆，1940 年，第 32 - 33 页。转引自范晓锐、冯立昇：《中国动物学会的成立及其早期活动（1934—1949）》，《自然辩证法通讯》，2019 年第 41 卷第 10 期。

⑧ 《中国畜牧兽医学会第一届年会提案》，《畜牧兽医季刊》，1937 年第 3 卷第 1 期，第 110 - 111 页。

词，以求划一"。1941 年陈之长在《畜牧兽医月刊》杂志上发表文章《暂拟畜牧兽医科学名词》，文中提及通过各方努力，翻译畜牧兽医名词 105 组。许振英组织翻译畜牧名词，"搜选已译之汉名，合成初步汇编，嗣后组织名词审查委员会，分生物统计，动物遗传与育种，家畜饲养与管理，家畜品种与鉴别，家畜解剖与生理，畜牧用具与产品及牧草七部"。[①]

相关名词的审定与公布，改善了农业科学领域名词长期不统一的情况，为近现代农学在中国的传播与科普扫除了很大障碍。

四、服务政府、社会和科学工作者

中华农学会 1917 年的章程第六章"事业"中第六条列明"答复农事之咨询"，并在第三章"组织"中规定由研究部负责[②]。中华森林会 1921 年的章程中确定研究股负责"研究森林学术及答复或建议关于森林学术之事项"[③]。中国园艺学会在 1934 年章程的第六章"会务"中写道"本会得答复国内外一切关于园艺上咨询事宜"，且第四章"组织"中规定文书委员除管理会中一切文件，也要"答复会内外一切咨询事宜"[④]。十大学会的章程中，基本都有一条关于答复咨询，提供相关建议的章程，展示农业科学工作者在改进农业方面的赤诚担当，学会致力于服务政府、社会，关心科学工作者成长的初心。

（一）提供决策咨询

中华农学会是中国近代农业学术团体的标志性组织，其 1928 年将学会宗旨由原来的"一、研究学术，图农业之发挥；二、普及智识，求农事之改进"改为"联络同志，研究农学，革新农业状态，改良农村组织以贯彻民生主义"，可见学会在改进中国农业方面的思考与决心。吴福祯曾在 1987 年撰文回忆 20 世纪 30年代，中华农学会召集诸多农学家编写中国农业科学名著《中国农业之改进》的情形：专家们集中住在旅馆，闭门谢客，夜以继日于半月间完成"中国农业之改

① 中央畜牧实验所畜牧组：《畜牧学各科名词汇编》，《中央畜牧兽医汇报》，1942 年第 1 卷第 4 期，第 99 - 107 页。转引自陈明、王洪伟、王思明：《肇建与探索：民国时期的中国畜牧兽医学会（1936—1949）》，《自然辩证法通讯》，2019 年第 41 卷第 6 期，第 67 页。
② 《中华农学会章程》，1917 年，南京大学档案馆 648 - 657。
③ 《中华森林会会章》，《森林》，第 1 卷第 1 期，1921 年 3 月。
④ 《中国园艺学会章程》，《中国园艺学会会报》，1934 年。

进"计十余万字的巨著。当年参加编写的有邹秉文、谢家声、钱天鹤、蔡邦华、吴觉农、赵连芳、孙本忠、汤惠荪、吴福桢、梁希、吴耕民等。全书分上、下两册，上册是总论，叙述全国农业改进的方针、组织系统、培养人才、经费预算；下册是各论，包括稻、麦、棉、林、蚕、畜、园艺、病虫、农村经济等九项的改进计划。[①] 该书作为农村复兴委员会丛书，由商务印书馆在 1934 年 4 月出版，11 月再版。因编写丛书的各位专家都是资深农业科技工作者，所编计划有理论兼经验，容易被政府采纳实施。

陈方济在《三十年来之中华农学会》一文中，提及中华农学会于 1922 年联合中华职业教育社、中华教育改进社举行全国农业讨论会，向政府提议改进农业之决议达百件（见下图），先后还参与江苏省农政会议（1928 年 7 月）、农矿部农林会议（1929 年 7 月）、农村复兴委员会会议（1938 年 8 月）、全国生产会议（1943 年 6 月）、农业政策讨论会（1945 年）。中华农学会向政府提出了诸多建议，不少都被采纳：如在抗日战争初期拟定《战时农业政策纲要》；与中华林学会联名条陈政府救济农林技术人员；呈请政府成立农林部（后于 1941 年成立）。

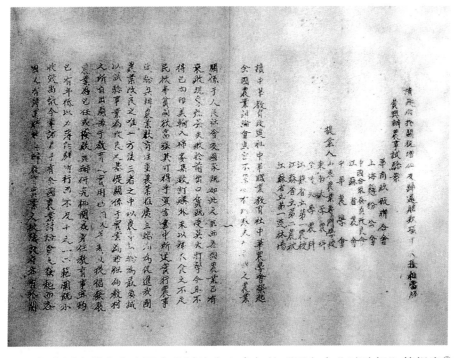

1922 年中国农学会在全国农业讨论会上参与的"开办农业试验场"等提案[②]

① 吴福桢：《中华农学会的早期科学事业活动回忆》，《中国农学通报》，1987 年第 3 期，第 23 页。

② 《全国农业讨论会上关于"开办农业试验场"等提案》，1922 年，南京大学档案馆 648 - 657 - 12。

请政府将关税增加及归还赔款项○○○①相当经费兴办农业试验案

提案人：华商纱厂联合会、上海面粉工会、中国合众蚕桑改良会、江苏省农会、中华农学会、山东农业专门学校、东南大学农科、金陵大学农科、江苏省立第一农校、江苏省立第二农校、江苏省立第一造林厂

读中华教育改进社、中华职业教育社、中华农学会发起《全国农业讨论会宣言》，不禁心有所感，夫○○国之农业关系于人民社会及国家，既如此之，○而吾国农业已有衰败现象，○茶失败于前，出口货既受莫大打击，今且不得已由印美输入，棉麦集数订购外来以补○食之足，民欲弗贫，国欲富强，其可得乎！宣言书中所述，实行农事试验，兴办农业教育，注重农业推广三端为促进我国农业改良之唯一方法。三者之中以农事试验为最要，诚以试验事业为改良之基础，关系于实业，为○○为教材之所自出关系，于教育之实用○○○○○以提倡发展农业为己任或○○兴办研究机关或身任教育事宜，均已有年，只以为薄○○听行为，不及十之一二，范围既小收效尚微。今幸诸君子有全国农业讨论会之发起，而各国人有归还赔款○○教育事业之提议。政府亦有于关税增加项下酌提数成为实业经营之宣言，诚为千载一时之机会，同人等深恐不有计划无从实施，施行不当亦等虚縻。特有彼此函商，拟就农事试验计划大纲并定应支经费约数，拟由全国农事讨论会向政府请愿，照数支拨，赵期兴办○国农业○○○改○○○之机会乎。是否有当，即请公决。

附农事试验计划大纲

（一）中央应特设农业改良计划局，或附设于农商部内，亦可照美国 state ○○○办法为农事试验及农业教育联络之机关，经费为每年二十万元。

（二）农事试验应委托各农科大学农业专门学校及中央与各省特设之研究机关办理，具经费之多寡，视其事业之范围酌足。

研究得有结果后，可委托中等农业学校省立或县立试验场为简单之试验，或为相当之普及，应行补助经费由委托机关及受委托机关互商定之。

（三）有必要时，应向国外聘请专家主持研究事宜，而以国内诸专家为副籍练君。

（四）各种试验之分配，应视地方之需要，或以于未经开发确有推广机会者为限。

（五）各种试验均应先行拟定实施之计划及其方法，交由农业改良局指派专

---

① 注：原文字不详，下同。

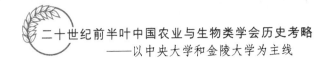

家审定之。

（六）稻作试验拟定为八处，每处经常费三万元，共计二十四万元。

（七）麦作试验拟定为八处，每处经常费三万元，共计二十四万元。

（八）棉作试验照东南大学所拟定计划，全国应有十八处，国内现有之植棉研究机关可抵六处，尚须设十二处，每处经常费四万元，共计四十八万元。

（九）豆作试验拟定为四处，每处经常费二万五千元，共计十万元。

（十）制糖作试验拟定为四处，每处需经费二万五千元，共计十万元。

（十一）旱农试验拟定为五处，每处需经常费四万元，共计二十万元。

（十二）蚕桑试验拟定为六处，每处经常费五万元，共计三十万元。

（十三）森林试验及推广拟各省及各特别区均应○○○○○○对待，河道源流尤应注意以防水患，故需费稍大全国，拟定为一百万元。

（十四）水利研究拟定为四处，每处经常费五万元，共计二十万元。

（十五）其他特用作物之试验，如烟草薄荷等类，拟定为四处，每处经常费一万元，共计四万元。

（十六）畜牧研究应附设纯种场，故需费较大，拟定为八处，每处经常费八万元，共计六十四万元。

（十七）兽医研究拟定四处，均附设兽医院，每处经常费五万元，共计二十万元。

（十八）病虫害研究拟定中央病虫害研究总局一所，于各口岸设立检查所，拟定经费为二十万元。

（十九）农业统计总局于各省均特约收成预报员，逐月报告各地农作情形，○○经费二十万元。

（二十）测○○及气象预报至少应设二十处，每处经常费一万元，共计二十万元。

以上各种○○之开办费均以等一年之○○费充用，计每年共需经常费四百五十万元，拟请政府于还庚子赔款与关税增加项下内，分别支拨约计所支不及总额十之一二，为三万万农民之生活计，为吾国工商业之发达计，实为至大之数，取之于农者用之于农，亦公允之道也。

中华林学会一向关心政府对林业的各项政策走向。1928年国民政府成立农矿部，设林政司主管林业行政，以后又公布了《总理逝世纪念植树式及各省植树暂行条例》，又列造林运动为训导民众的七项运动之一，并曾征求国内林学家对造林运动及发展林业的意见。以上政府对林业的重视，正是中华林学会再次复会的背景，而这一结果也是政府向林业科学工作者征求意见的结果。

中华林学会自1928年5月筹备，8月成立。同年9—12月，中华林学会先后举行了4次理事会，向农矿部设计委员会提出了设立林务局和林业试验场两项建议；向江苏省农政会提出了划分林区设立林务局和林业试验场，以及统一江苏林业行政、确定江苏农林事业经费等项建议。1930年春季中华林学会曾协助农矿部开展植树造林运动，并制定了《首都（南京）西北区林园计划》。1931年首都造林运动委员会举行孙中山逝世6周年纪念植树造林运动宣传周，凌道扬代表中华林学会参加并担任常务委员，皮作琼、李寅恭、林祜光、李蓉、高秉坊、叶道渊、安事农等任委员或兼任总务、宣传、植树各部负责人。凌道扬在南京青年会讲演《中国森林在国际上之地位》，高秉坊、李寅恭在电台分别作了《我们对于造林运动应有的认识和努力》《林业前途之一无基础观》的演讲。大会印发了凌道扬、林刚、陈植、安事农编写的宣传小册各6 000本。中央大学农学院组织了8个宣传队，金陵大学农学院组成16个宣传队，每队8~10人，分赴城内外向群众进行造林宣传活动。

中国畜牧兽医学会主动承担社会责任，曾建议政府设立专门的畜牧兽医管理机构，推广畜牧兽医研究工作：提议增设畜牧及兽疫防治机关，配合政府在各地设立家畜血清制造厂，建议公布家畜防疫法规或地方家畜防疫暂行法规，积极参加国民经济建设运动；抗日战争胜利之际，号召会员撰写战后畜牧兽医建设方案，倡议成立独立的畜牧兽医学院等。学会的种种努力取得了显著成果，体现了学会能够有效地协助政府对畜牧兽医事业进行规划、管理和指导。[①]

（二）设立奖学金

民国时期的农业科学不受重视，有志于农业并考上了农科大学的学生，较之文法理工各科，一般地说，家境要困难一些，出国深造的条件也就更少一些。[②]十大学会中，数中华农学会的事业规模和影响最大，奖学金是当中最为出色、为人称道的一项。自1934年起，中华农学会共设立9种奖学金（表3-8），奖给各农业学科的优秀论文作者。

---

① 《中国畜牧兽医学会近讯》，《畜牧兽医月刊》，1944年第4卷第4-5期，第106页。转引自陈明、王洪伟、王思明：《肇建与探索：民国时期的中国畜牧兽医学会（1936—1949）》，《自然辩证法通讯》，2019年第41卷第6期，第62-68页。

② 华恕：《中国农学会66周年纪念刊：我国农业学术团体之沿革与现状》，中国农学会，1985年，第112页。

表 3 - 8　中华农学会设立的 9 种纪念奖学金一览[①]

奖学金名称	寄附者	征文范围	给奖次数
费耕雨纪念奖金	费耕雨自捐平生积蓄	昆虫	5
许叔玑纪念奖金	本会会友为纪念主持会务多年之功绩捐款	农业经济	4
黄聘珍（召棠）纪念奖金	黄会友之同窗及家属捐款	农业化学	1
汪子瑞奖金	云南大学农学院同仁募款	森林	1
冯肇传纪念奖金	弟子俞启葆独自捐款	棉作	应征人数过少未举办
李崇诚奖金	李崇年捐款	农艺	1
梁叔五（希）六十寿辰纪念奖金	本会会友纪念主讲林学三十年及主持会务之功绩捐款	森林化学	1
邹秉文五十寿辰纪念奖金	本会会友纪念从事农学教育及行政三十年及主持会务之功绩捐款	植物病理	2
孙玉书（恩麟）五十寿辰纪念奖金	弟子冯泽芳等筹款	棉作	2

　　1932 年 10 月，年仅 36 岁的昆虫学家费耕雨在弥留之际，遗嘱将生平所积蓄的 4 100 元，捐赠设立奖学基金。尤其令人敬仰的是，他家道贫寒，16 岁时染上肺病，只念过中等农校，通过自学精通英文、德文和日文，在植物保护方面造诣颇深。在他的积极建议下，成立了中国第一所昆虫局——浙江省昆虫局，并担任技正兼局长。棉作学家俞启葆学徒出身，家庭负担很重，生活十分节俭，为纪念恩师冯肇传，他向农学会捐献 500 美元。正是这样的农学会会员，节衣缩食，集腋成裘，中华农学会的奖学金后来发展到向国内外募捐，以襄盛举，可见当年农学界前辈的苦心卓识。[②]

　　1934 年设立的费耕雨纪念奖金，1935 年设立许叔玑纪念奖金，1936 年设立黄聘珍（召棠）纪念奖金……这些奖学金征文 17 次，汪仲毅、郑乃涛、奚元龄、张绍钫、过兴先等人得奖。

　　1943 年还募集了一笔基金，奖励国内农科院校的优秀学生或研究生，以利息的 60% 奖励研究生，40% 奖励农学生，先后给奖 2 次，共计 89 人获奖（包括

---

　　① 陈方济：《三十年来之中华农学会》，《中华农学会通讯》，第 79 - 80 期，第 14 页。
　　② 华恕：《中国农学会 66 周年纪念刊：我国农业学术团体之沿革与现状》，中国农学会，1985 年，第 112 页。

研究生 16 人），当中有何康、卢良恕、侯学煜、祝寿康等人。[①] 中华农学会奖助农学研究生暂行办法[②]如下：

中华农学会奖助农学研究生暂行办法

一、本会为奖助清寒优秀之农学研究生，鼓励学术研究，特设置本奖助金。

二、奖助名额部门及所在院校由本会适时代及环境之需要逐年决定后公布之。

三、申请奖助之研究生应具下列之条件：

A. 家境清寒确系无力深造者；

B. 有志于农学而愿入本会所指定之部门及院校研究者；

C. 大学毕业前之两年成绩平均在七十五分以上者。

四、受本奖助金之研究生，除照章在抗战期间内所能领用之教部贷金及其他公费津贴外，由本会按月给予奖助金两百至三百元。

五、受奖助时期，以两年为限，若有特殊需要时得继续申请。

六、受奖助研究生之学业成绩应由各院校按期函送本会，其平均分数不得低于七十五分，操行须在中等以上，否则第一学期给予警告，第二学期仍无进步时，即行停止发给，以后纵能恢复此项标准亦不得再事申请。

七、受奖助研究生入学时之研究计划书，每学年终了后之研究经过或心得，以及毕业时之论文均应于入学后、学年终了后、毕业后三个月内分期函送本会。

八、受奖助研究生如有中途改变研究部门，或退学时其已领全额，须全部追还。

九、受奖助研究生毕业后，二年内之就业服务处所应优先接受本会之指导。

十、本奖助金，须由本会指定之院校转向本会申请。

十一、各院校应就申请研究生连同所有证件成绩择优推荐，由本会决定给予。

十二、申请研究生于申请时应办之手续如下：

A. 填具本会规定之申请书及履历表；

B. 呈缴清寒证明文件（由原籍行政机关或毕业大学之院长、系主任出具）；

C. 大学毕业前两年成绩及名次；

D. 保证书（保证人须有正当职业而便于通讯者）。

---

① 华恕：《中国农学会 66 周年纪念刊：我国农业学术团体之沿革与现状》，中国农学会，1985 年，第 112 页。王思明：《中华农学会与中国近代农业》，《中国农史》，2007 年第 4 期，第 3-7 页一文中与纪念论文奖金人数混淆，特此更正。

② 《中华农学会农学研究生奖助金暂行办法》，南京大学档案馆 648-5199。

十三、本办法经干事会通过后施行之，修改时亦同。

中华农学会农学研究生奖助金申请表

申请奖学金的保证

以上是论文奖金和奖学基金，除此之外，中华农学会为培养我国农学人才，1945—1946 年向国外选送留学生共计 70 名。

1943 年，邹秉文等赴美国出席同盟国粮食和农业会议，后担任联合国粮农组织（FAO）副主席，多次与美国康奈尔大学、密西根大学、艾奥瓦大学等大学及万国农具公司（International Harvester Company）联系，争取奖学金名额，由中华农学会初试，教育部复试，[①] 第一批 50 人，包括朱祖祥、侯学煜、蒋次升等；第二批即"向中国农业导入农业工程的教育计划"，选拔农学院毕业生和机械工程系毕业生各 10 人，赴美攻读农机、农业工程，当中有陶鼎来、张季高、高良润等人。1948 年 1 月，他们联合其他在美学习农机的学生共 19 人，在大洋彼岸筹备中国农业工程师学会。[②]

据说，中华农学会这一时间选送赴美学农的人数，与当时清华公费留美的农科学生人数，不相上下。[③] 但并非其他学会都有这样的"好运"。1937 年 7 月 1 日，中华林学会在《中央日报》发表倡议《中华林学会建议教育部选送森林科留学生》，认为教育部在规定考试科目中缺列森林一科，而我国荒山遍布，林业正是复兴之际，林业人才的培育极为重要，呈请教育部酌设林科留学生名额。

（三）开办图书室

中国科学社最早开启了中国学术社团图书馆的先河，1916 年的《科学》杂志刊载了《中国科学社图书馆章程》，[④] 强调了建设图书馆的重要意义。

中华农学会 1930 年在南京双龙巷建立一栋三层楼房的会所后，即开办图书标本室，承国内外各机关暨会员及各著作者，赠送书籍、报告、杂志等不少。[⑤] 1936 年时，共有书籍 582 册；杂志 165 种，5 985 册；报告 78 种，1 740 册；丛刊 52 种，1 580 册。标本仪器中，有谷类标本 93 种，森林种子标本 62 种，昆虫标本 5 盒，肥料标本 17 种，油类标本 17 种，化学仪器 8 箱。[⑥] 中华农学会在重庆期间，各国大使馆赠与图书杂志数百册，美国副总统华莱士来华曾赠送《农业年鉴》13 大册，然而在返宁时因运费无着，请农林部代运，岂料途中全船沉没，

---

① 陈方济：《一年来本会工作概况》，《中华农学会报》，1948 年第 190 期，第 62 页。

② 蒋耀、张季高：《回顾"中国农业工程学会"的建立与发展》，《农业工程学报》，1985 年第 1 期，第 2 页。

③ 华恕：《中国农学会 66 周年纪念刊：我国农业学术团体之沿革与现状》，中国农学会，1985 年，第 113 页。

④ 《中国科学社图书馆章程》，《科学》，1916 年第 2 卷第 8 期，第 950－956 页。

⑤⑥ 陈嵘：《中华农学会成立二十周年概况》，《中华农学会报》，1936 年第 155 期，第 21 页。

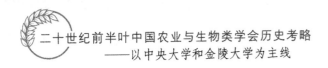
十分可惜。^① 目前尚未发现更多服务于中华农学会会员的图书馆管理细则。

其他各学会也曾有建立图书馆的设想。中华昆虫学会在成立后，就开始向社会各界征集书刊，以期成立昆虫图书馆。在筹备期间，在美会友傅胜发、黄至溥曾函请农业部及各州大学农场寄赠相关书籍。^② 中华昆虫学会还将书中重要新颖的篇章翻译后刊登在会刊上，供广大会友参考。

---

① 华恕：《中国农学会 66 周年纪念刊：我国农业学术团体之沿革与现状》，农业出版社，1985 年，第 13 页。

② 《继续征集书刊以期成立昆虫图书馆》，《中华昆虫学会通讯》，1947 年第 1 期，第 1 页。

第四章

十大学会主办的学术期刊

1939 年，剑桥大学教授贝尔纳（J. D. Bernal）在科学的奠基之作《科学的社会功能》中指出，基本科研工作的协调要依靠自愿结合的学会，这些学会的最重要的职能是发表论文，并以纯咨询的方式影响学科的总的发展方向。[①] 学术是学会及期刊生存发展的根基所在，有着时代底色、服务国家需求和民族期待的学术尤为重要。学会为期刊提供了基本的条件，期刊又为学会提供了重要的宣传平台。十大学会通过创办期刊等形式为现代科学知识在中华大地的传播做出了重要贡献。学会团结和凝聚了一大批肯干、能干的学术精英，这些学术精英又通过期刊扩大了自身及学会的影响，在全国形成了相关领域的学术共同体。两者的互动促进了理性思想、研究成果、学术观点等科学内容的传播。

十大学会在现代农业与生物科学的引进、传播、本土化和学术共同体建设，利用现代科学改造中国传统农业方面发挥了重要作用。对学会主办的学术期刊进行系统整理，有助于深化对学会及我国近代科学传播与发展的整体认识。发行学术期刊是学会最重要的工作内容之一。20 世纪 30 年代，中华农学会理事长梁希指出："无报便无会……报之关系于本会岂不大哉？"考察中国农学会，首推会报。[②] 本文主要对十大学会主办的学术期刊沿革进行考察。

一、中国农学会主办的学术期刊

中国农学会的前身系中华农学会，1951 年改为现名，是我国成立最早、历史最悠久、影响最为广泛的学术团体之一。[③] 1917 年 1 月 30 日，中华农学会在上海的江苏教育会堂召开成立大会，[④] 主要参与者是陈嵘、王舜成、过探先、唐昌治、陆水范等。

---

① 贝尔纳：《科学的社会功能》，广西师范大学出版社，2003 年，第 3、38、49 页。
② 华恕：《中国农学会 66 周年纪念刊：我国农业学术团体之沿革与现状》，农业出版社，1985 年，第 147 页。
③ 赵方田、杨军：《中国农学会史》，上海交通大学出版社，2008 年，第 1 页。
④ 《中华农学会成立会纪事》，《申报》，1917 年 2 月 5 日，第 2 张第 7 版。

学会的前身是中国科学社的农业股，邹秉文、过探先等是农业股负责人，也是中华农学会的主要创始人。邹秉文先后担任金陵大学农科教授、南京高等师范学校农业专修科首任主任、东南大学农科主任和中央大学农学院院长；过探先先后担任江苏省第一农校校长、东南大学农科副主任和金陵大学农学院院长。经过 100 多年的发展，中国农学会现有 9 个工作委员会、34 个分支机构，联系 31 个省级农学会，拥有 30 万会员，[①] 先后主办《作物学报》《中国农学通报》《农学学报》《棉花学报》《农业科研经济管理》《植物遗传资源学报》《食用菌学报》等学术期刊。

（一）《中华农学会报》/《作物学报》

1918 年，《中华农学会报》创刊，后由于经费等种种原因，曾先后使用《中华农学会丛刊》《中华农林会报》[②]《中华农学会报》等刊名。1920 年 8 月，经中华农学会第三届年会决议：每出版 5 期《中华农学会报》，就刊行 1 次《专刊》，自 1929 年 4 月第 67 期起开始使用《中华农学会报》这一刊名，直到 1948 年停刊，共出刊 190 期，每期 200 页码，共发表各类研究报告、论著、评著 2 500 余篇，1 200 万字。先后负责《中华农学会报》期刊编辑工作的有梁希、陈嵘、胡昌炽、陈植、沈宗瀚、蒋涤旧、陈鸿佑等，以陈嵘对该刊的贡献最大。

《中华农学会报》1920 年第 2 卷第 1 期、1937 年 8 月总第 163 期

---

① 中国农学会：《中国农学会统计数据》，http：//www.caass.org.cn/xbnxh/index/index.html，2019年 12 月。

② 1920 年 3 月至 1921 年 9 月，中华农学会与中华森林会合作编辑出版《中华农林会报》，共出 5 集。

1937 年南京沦陷前夕，学会和期刊被迫西迁，会务和期刊活动受到严重的影响。即便如此，中华农学会仍努力克服困难，若干大的会务活动基本都坚持了下来，突出的便是举办年会与出版会报。在 1917—1942 年的 25 年中，一年一度的学术年会，纵然干戈遍地，始终弦歌未辍，而且都是自费与会，非常难得。[①] 抗日战争时期《中华农学会报》的出版，历尽艰辛，殊为不易。1937 年 8 月至 1940 年 4 月期间的第 163～168 期皆是在重庆出版，当时的印刷设备非常简陋，纸张也奇缺，出版费用自是飞涨。这六期《会报》虽然都是用非常粗糙的土纸印刷，但所需的费用学会也已无力支付。后得上海的会友相助，自第 169 期起，转送《会报》文稿到上海印刷出版。出版至 173 期（1941 年 6 月）时都很顺利，纸张和印刷也都很精美。上海在 1941 年冬天沦陷，当时已交上海美商永宁公司承印的第 174～176 的三期《会报》文稿均毁于战火。[②]

《中华农学会报》是当时中国最权威的农业学术期刊，[③] 先后刊载对我国近现代农业科学具有深远影响的学术论文，如陈嵘的《中国树木志》、卜凯的《农村调查表》（1923）、沈宗瀚的《改良品种以增进中国之粮食》（1931）、冯和法的《中国农村的人口问题》（1931）、丁颖的《广东野生稻及野生稻育成的新种》（1933）、胡昌炽的《中国柑橘栽培之历史与分布》、金善宝的《中国小麦区域》（1940）等。[④]

1950 年《中华农学会报》复刊并改名《中国农业研究》，由华北农业科学研究所主办；1952 年又改为《农业学报》，由中国农学会主办；1960 年《农业学报》停刊；1962 年，《农业学报》复刊，由中国农学会主办，中国作物学会具体负责编务，并改名为《作物学报》至今，卷期另起。[⑤] 1966 年《作物学报》停刊，1979 年复刊。此后，其主办方几经调整：1979—1982 年，由中国农学会主办、中

《作物学报》1962 第 1 卷第 1 期

①　华恕：《中国农学会 66 周年纪念刊：我国农业学术团体之沿革与现状》，农业出版社，1985 年，第 12 页。

②　赵方田、杨军：《中国农学会史》，上海交通大学出版社，2008 年，第 29 - 30 页。

③　张丽阳：《民国时期的中华农学会研究》，东北大学硕士学位论文，2012 年，第 6 页。

④　王思明：《中国农学会与中国近代农业》，《中国农史》，2007 年第 4 期，第 5 页。

⑤　赵方田、杨军：《中国农学会史》，上海交通大学出版社，2008 年，第 48 - 51 页。

国作物学会编辑。自 1983 年起，中国农学会不再主办《作物学报》，先后由中国农科院作物育种栽培研究所、中国作物学会、中国农科院作物科学研究所主办。

（二）《中国农学通报》

1984 年 8 月，经国家科学技术委员会批准，中国农学会创办《中国农学通报》，次年开始正式出刊，一直延续至今，创刊时为双月刊，后改为半月刊。该刊为综合性学术刊物，以农业院校和科研院所中具有副高职称以上的专家、中青年学科带头人和博士、硕士为主要作者群，设置生态农业、农业资源与环境、农业传媒、有机农业与食品、植物生理、农村能源、农业史学等科学和技术栏目；另外，还开设了有关农业、农村、农民等社会经济发展的宏观社科栏目——三农问题研究。

《中国农学通报》1985 年第 3 期

（三）《农学学报》

1895 年 10 月孙中山在广州《中西日报》发表《创立农学会征求同志书》，1897 年 4 月罗振玉创办《农学报》，是我国近代最早的农业期刊，开推行农业科学技术的先河。《农学报》共出版 315 期，为促进中国近现代农业科学的发展起到了积极的作用。中国农学会经新闻出版总署批准，于 2011 年 4 月正式出版《农学学报》，该刊定位为《农学报》的继承与恢复，刊名题字由梁启超为《农学报》题词编辑而成。期刊关注农学的学科前沿、理论基础和实践运用，以探究学术为己任，重点刊载农业科学领域创新性理论、研究报告、科研简报和综述等学术性论文，是一个国内外农业科技工作者全新的、高水平学术交流平台。

（四）其他学术期刊

新中国成立前，中国农学会还先后举办《农业周报》《中华农学会通讯》。1927 年，中华农学会曾编辑发行《农业周报》，至 1931 年 4 月共发行 80 期，作者群以留美学生为主体，如杨开道、唐启宇等。此外，还于 1940 年 5 月创办《中华农学会通讯》。该刊为小月刊，16 开本，每期约 30 页，除刊登论坛及介绍农学界之新发明外，尤其注重国内外农业消息、本会事业进行实况以及会友动态等事项。它短小精干，编辑出版都较及时，每期免费寄送各地会员，至 1948 年元月停刊时，共出刊 82 期。[①]

新中国成立后，中国农学会对学术期刊进行适当调整，新办一批，期刊种类更为丰富。1978 年 5 月，经国家科学技术委员会批准，由其主办的、之前因"文化大革命"停办的 8 个学术期刊一律恢复，它们是：《作物学报》《园艺学报》《植物病理学报》《植物保护学报》《畜牧兽医学报》《畜牧杂志》《兽医杂志》《植物保护》。这 8 个期刊都各自成立了编辑委员会，最初由中国农学会编辑部统一办理编务与出版工作；1980 年起，为了提高工作效率，又先后将

《中华农学会通讯》1940 年 8 月第 4 期

这 8 个期刊挂靠到各编委会所在的科研或教学单位；[②] 1985 年 3 月，国家经济体制改革委员会批准，作物、园艺、畜牧兽医、植物保护、植物病理、热带作物、蚕、农业工程等 8 个学会上升为全国性学会，为中国科协的组成部分，直属中国科协领导，[③] 原由中国农学会主办的《园艺学报》《中国畜牧兽医》《中国兽医》等 7 个期刊，相应移交给有关专门学会自办或者与其挂靠单位合办，中国农学会则集中力量办好《作物学报》。此外，中国农学会还先后创办《棉花学报》《农业科研经济管理》《食用菌学报》《植物遗传资源学报》等学术期刊。

二、中国林学会主办的学术期刊

中国林学会原名中华森林会，是我国第一个全国性的林业科技社团。1917 年 2 月 12 日，中国近代林业科学的先驱凌道扬、陈嵘等人，在上海成立了中华森林会，以"集合同志共谋森林发展"为宗旨，以提倡造林保林为任务，以"提倡森林演讲，筹办森林杂志，提倡林业咨询，建设模范林厂"为载体，"提倡人

---

① 曹幸穗：《抗日时期的中华农学会——（附录）抗日时期各届学术年会论文目录》，《中国农史》，1986 年第 4 期，第 82 页。

② 华恕：《中国农学会 66 周年纪念刊：我国农业学术团体之沿革与现状》，农业出版社，1985 年，第 147-150 页。

③ 李君凯：《党的十一届三中全会以来中国农学会的工作与成就》，《中国农学通报》，1987 年第 6 期，第 5 页。

民爱护国家天然富源之公德，启迪人民审美养性之观念，培养人民深谋远虑之识见。"1928 年，中华森林会更名为中华林学会，并于 1951 年重建为中国林学会。学会的诞生为中国的森林事业增添了勃勃生机，中国林业的若干第一也由此产生：中国第一份林业期刊《森林》及其后继者《林学》《林业科学》；关于森林与水灾旱灾关系的第一篇论文；第一个中国植树节。[①] 学会成立之初，凌道扬任民国北京政府农商部技正、金陵大学林科主任；陈嵘任江苏省第一农校林科主任，1925 年后任金陵大学森林系主任。

学会现有专业委员会（分会）42 个，主要分布在林业科研院所、林业大学、学会秘书处及其他相关部门，会员 9 万余人。[②]

（一）《森林》

中华森林会在成立之初无力出版自己的刊物，会员以及加入中华农学会的林科会员所撰写的林业相关专著，都发表于《中华农学会丛刊》。[③] 该刊出版至第 5 集后，改由中华农学会、中华森林会两个兄弟学会共同编辑。1920 年 3 月，刊名改为《中华农林会报》，期号则顺序编为第 6 集。至同年 9 月，《中华农林会报》已出到第 10 集，每集都有林业方面的文章。此时中华森林会已成立 4 年，会员人数逐渐增多，遂决定单独出版林学刊物。

我国第一份林学杂志——《森林》，创办于 1921 年 3 月。当时的北洋政府大总统黎元洪题写了刊名。在创刊号上撰文的有林学家凌道扬、陈嵘、沈鹏飞、金邦正和金陵大学林科早期毕业生高秉坊、鲁佩璋、李继侗、林刚等人。《森林》杂志的出版对近代林业科学知识的推广宣传、促进林业科学发展起到了积极作用，受到农林学界的重视。杂志包括论说、调查、研究、国内森林消息、附录等栏目，每期还附 2～4 幅铜版照片。由于当时军阀混战，政局动荡，学会经费无着落，《森林》第 2 卷第 3

《森林》第 1 卷第 1 期

---

① 赵树丛：《纪念中国林学会成立 100 周年——百年史序》，http://www.csf.org.cn/marksYears/index.html，2019 年 12 月。

② 中国林学会：《中国林学会百年史（1917—2017）》，中国林业出版社，2017 年 5 月，第 36 - 37 页。

③ 中国林学会：《中国林学会百年史（1917—2017）》，中国林业出版社，2017 年 5 月，第 14 页。

期在 1922 年 9 月出版之后，被迫停刊，在 1 年零 9 个月中共出版了 7 期。同时，学会的会务活动亦告终止。[①]

（二）《林学》

1929 年 10 月底，《林学》创刊号出版，封面是仿宋体"林学"两字，并附英文刊名。《林学》创刊号中的《序》，由姚传法撰写，以代发刊词。姚传法、梁希、凌道扬、陈嵘等人在创刊号上发表了文章。刊末有《大事记》一栏，记录学会的会务活动。《林学》第 2 号于 1930 年 2 月出版，包括论说、调查、研究、计划、国内森林消息、国外森林消息及附录等栏目，并记载学会会员名单，共 108 人。[②]

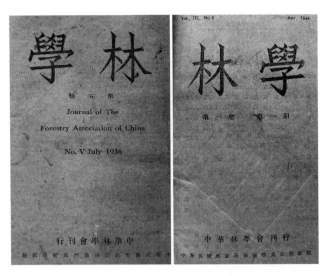

《林学》1936 年第 5 号、1944 年第 3 卷第 1 期

1931 年"九一八"事变发生后，《林学》杂志第 4 号在 1931 年 10 月勉强出版了，但此后 4 年未再出刊。中华林学会也陷入困境，无所作为。会员们又只好在《中华农学会报》上发表文章。1933 年，梁希到中央大学森林系任教并兼任《中华农学会报》主编。1934 年 11 月，他编辑出版了《中华农学会报·森林专号》（第 129、130 期合刊），并写了一篇脍炙人口的《中华农学会报·森林专号弁论》，揭露了当局不重视林业的行径，指出了"中国近数年来林业教育、林业试验、林业行政之所以陷于不生不死之状态"的根源，并对我国林学刊物遭遇的厄运做了尽情地倾诉。[③]停刊近 5 年的《林学》，第 5 号于 1936 年 7 月出版，版本

---

① 中国林学会：《中国林学会百年史（1917—2017）》，中国林业出版社，2017 年 5 月，第 14 - 15 页。
②③ 中国林学会：《中国林学会百年史（1917—2017）》，中国林业出版社，2017 年 5 月，第 17 页。

缩小为 24 开，出版数量定为 500 本。第 6 号于 1936 年 12 月出版，刊载的会员名单有 108 人。[①]

1941 年中华林学会在重庆恢复学会的组织活动，主要工作是编辑出版《林学》杂志。《林学》第 7 号于 1941 年 10 月在成都印刷出版，仍为 24 开本，体例均沿袭以前，增附英文目录。[②] 在 1942 年 8 月和 1943 年 4 月、10 月先后出版第 8、9、10 期。1944 年 4 月，常务理事会在当期《林学》上刊登启事："《林学》已出版至第 10 期，由本期起改为第 3 卷第 1 期。"但此后预计出版的第 3 卷第 2 期却未能实现。[③]

（三）《林业科学》

1955 年 6 月中国林学会创办全国性学术季刊《林业科学》。创刊之初由中央林业科学研究所主办，1956 年 3 月改由中国林学会主办。《林业科学》于 1956 年正式成立第一届编委会，学会总会的陈嵘、周慧明、范济洲等 9 人为编委，各地分会有编委 13 人，机关编委 4 人，设专职编辑 2 人。[④]

《林业科学》自 1960 年 7 月起停刊 1 年，1961 年 7 月复刊后，刊物增加了外文摘要，并被批准对外进行交换。在科学为生产服务的方针指导下，《林业科学》刊登了不少重要的林业科研论文和生产技术经验总结，对林业建设起到了积极的促进作用。[⑤]

"文化大革命"期间《林业科学》停刊，后于 1976 年 5 月复刊，刊名为《中国林业科学》，由中国农林科学院主编，科学出版社出版。经国家林业总局批准，1978 年 8 月（第 3 期）起刊物改由中国林学会主办，科学出版社出版。由学会常务理事会提议，《林业科学》于 1979 年第 1 期恢复原刊名。自此《林业科学》恢复了原有的学术期刊面貌。1979 年时为季刊，1989 年 1 月（第 25 卷第 1 期）起改为双月刊，2006 年 1 月（第 42 卷第 1 期）起改为月刊。[⑥]

（四）其他学术期刊

为了向关心和爱护森林的社会各界人士揭示大森林的奥秘，展现祖国的名山

[①] 中国林学会：《中国林学会百年史（1917—2017）》，中国林业出版社，2017 年 5 月，第 17 页。
[②③] 中国林学会：《中国林学会百年史（1917—2017）》，中国林业出版社，2017 年 5 月，第 20 页。
[④] 中国林学会：《中国林学会百年史（1917—2017）》，中国林业出版社，2017 年 5 月，第 23 页。
[⑤] 中国林学会：《中国林学会百年史（1917—2017）》，中国林业出版社，2017 年 5 月，第 26 页。
[⑥] 中国林学会：《中国林学会百年史（1917—2017）》，中国林业出版社，2017 年 5 月，第 150 页。

大川、自然保护区及森林公园的雄姿秀景，向广大林业工作者介绍国内外先进的林业生产经验和林业科学技术知识，经林业部批准，中国林学会于 1981 年底创办了林业科普期刊《森林与人类》。该刊为双月刊，编委会由知名林学家和林业及相关领域专家组成。[①]

中国林学会于 1979 年 6 月 2 日，首期发行《中国林学会通讯》，主要内容是反映中国林学会理事会和各地林学会活动，报道国内外林业学术动态和有关学术活动，交流学会活动经验以及反映与学会工作有关的问题，初期发行时间不固定，自 1982 年起确定为双月刊。[②]

中国林学会与福建农林大学于 2015 年起合办《森林与环境学报》季刊，主要刊发林学、环境科学等一级学科，以及森林和环境相关的生物学、生态学等学科领域的学术论文。[③]

三、中国园艺学会主办的学术期刊

东南大学农科于 1921 年在全国首创园艺学系，树立了我国现代高等园艺教育事业的第一座里程碑。[④] 1929 年春，经中央大学农学院园艺系倡议，与金陵大学园艺系、江苏省农矿厅共同在中央大学成贤园艺场菊花厅创建了中国园艺学会。[⑤] 吴耕民、胡昌炽、林汝瑶、章文才、毛宗良、傅焕光等组建其事，并向内政部备案。创业者为之奠定基础，延续至今已 90 余年，历届同仁借以团结广大园艺工作者，发展组织、开展活动、创办刊物、繁荣学术，做了大量工作，取得显著成绩，影响深远。[⑥]

《中国园艺学会会报》1934 年第 1 期

①　中国林学会：《中国林学会百年史（1917—2017）》，中国林业出版社，2017 年 5 月，第 157 页。
②　中国林学会：《中国林学会百年史（1917—2017）》，中国林业出版社，2017 年 5 月，第 44 - 45 页。
③　中国林学会：《中国林学会百年史（1917—2017）》，中国林业出版社，2017 年 5 月，第 160 页。
④　王业遴、曹寿椿：《国立中央大学农学院园艺系简史》，《中国农史》，1997 年第 4 期，第 81 页。
⑤　南京农业大学园艺学院：《南京农业大学园艺学院院史》，中国农业出版社，2018 年 9 月，第 16 - 17 页。
⑥　王业遴、曹寿椿：《国立中央大学农学院园艺系简史》，《中国农史》，1997 年第 4 期，第 87 页。

1934 年，第 1 期《中国园艺学会会报》出版。[①] 抗日战争时期，学会的活动因战争基本停顿。抗日战争胜利后，学会在南京复会，并在上海、广州、北京等地建立各地园艺学会组织、编印园艺学会会报等刊物。1951 年 8 月开始筹备新中国成立后的新学会，于 1956 年 8 月在北京召开了中国园艺学会成立大会，选出第一届理事会，理事长曾宪朴，副理事长沈隽、章文才，秘书长哈贵增，副秘书长翁心桐。1957 年，编辑出版《园艺通讯》和《园林通讯》。[②]

1962 年 5 月，中国园艺学会创办《园艺学报》，读者对象是从事园艺科学研究的科技工作者、大专院校师生和农业技术部门专业人员。主要刊载有关果树、蔬菜、观赏植物、茶及药用植物等方面的学术论文、研究报告、专题文献综述、问题与讨论、新技术、新品种以及研究动态与信息等。[③] 1966 年，因"文化大革命"学会停止活动，《园艺学报》出版到第 5 卷第 2 期停刊。1978 年 7 月，中国农学会恢复活动，中国园艺学会作为所属二级学会，同时恢复活动，同年 8 月，《园艺学报》复刊。[④] 目前，学会编辑出版的学术刊物有《园艺学报》及于 2015 年 7 月创刊的《园艺学报》英文版 *Horticultural Plant Journal*。[⑤]

四、中国植物病理学会主办的学术期刊

中国植物病理学会于 1929 年在南京成立，主要参与者有邹秉文、戴芳澜、邓叔群、俞大绂、朱凤美等。现有会员 6 336 人，下设 5 个工作委员会，14 个专业委员会，主办《植物病理学报》。[⑥]

植物病理学会于 1951 年编辑关于植病的丛刊，该刊与华北农业科学研究所编译室合作，由中华书局承印。丛刊第一号发表俞大绂的"谷子白发病"，第二号发表陈延熙"甘薯黑疤病"、尹莘耘"轮作防病"等文章。[⑦]

---

① 中国园艺学会：学会简介，http://cshs.scimall.org.cn/c149，2019 年 12 月。

② 沈隽：《中国园艺学会六十年回顾（1929—1989）》，《园艺学报》，1990 年第 1 期，第 1 页。

③ 《园艺学报》编辑部：期刊介绍，http://www.ahs.ac.cn/CN/column/column130.shtml，2019 年 12 月。

④ 沈隽：《中国园艺学会六十年回顾（1929—1989）》，园艺学报，1990 年第 1 期，第 1 页。

⑤ 中国园艺学会：学会刊物，http://www.cshs.org.cn/Html/NewsList _ list.asp? SortID = 116 & SortPath=0，116，2019 年 12 月。

⑥ 中国植物病理学会：中国植物病理学会简介，http://www.cspp.org.cn/file/about.asp，2019 年 12 月。

⑦ 中国植物病理学会总会编辑委员会：《中国植物病理学会会讯（1-5 期重编合订本）》，光明日报印刷工厂承印，1951 年 12 月，第 1-3 页。

中国植物病理学会于 1954 年创办《植物病理学译报》，刊载世界各国有关植物病理学方面中译稿件。初为半年刊，后改为季刊。其编辑委员会由戴芳澜（主任）、裘维蕃（副主任）等 10 人组成，聘朱凤美、邓叔群、俞大绂三人为顾问。出版至第 5 卷，1958 年停刊。新中国成立初期的学会还编辑有《中国植物病理学会会讯》和《植病丛刊》（近 10 种专著），1957—1960 年还创办过中级学术性刊物《植病知识》。①

《植物病理学报》（双月刊）1955 年创刊，至 1960 年暂停，1963 年复刊，1966年起又因"文化大革命"停刊，于 1979 年起又复刊至今，是中国植物病理学会主办的全国性学术期刊，主要刊登植物病理方面未经发表的研究论文、综述文章、研究简报等，反映了中国植物病理学的研究水平和发展方向，在国内外公开发行。②

五、中国植物学会主办的学术期刊

1933 年 8 月，中国植物学会成立于重庆北碚，当时的发起人为胡先骕、辛树帜、李继侗、张景钺、钱崇澍、陈焕镛、林熔等，这些发起人也是成立大会的参与者，总共只有 19 人。③ 中国植物学会和中国动物学会的核心成员以 1921 年东南大学农科成立的中国大学第一个生物系的师生为主体，对中国生物学教育和科研事业的产生与发展发挥了重要作用。目前，该会在全国 29 个省、市及自治区设立了地方性的植物学会专业团体，有会员近 1.5 万人，④ 主办 *Journal of Integrative Plant Biology*（JIPB）、*Journal of Systematics and Evolution*（JSE）、*Journal of Plant Ecology*（JPE）、《植物学报》《生物多样性》《植物分类与资源学报》《生命世界》和《生物学通报》等学术期刊，其中 JIPB、JSE、JPE 为 SCI 检索期刊。⑤

（一）《中国植物学杂志》

中国植物学会在成立后即开始筹办《中国植物学杂志》，并认为必要性体现

---

① 刘宗善：《世界植物病理学的专门期刊和有关连续性出版物》，《农业图书馆》，1984 年第 1 期，第 62 页。
② 植物病理学报编辑部：植物病理学报简介，http://www.cqvip.com/QK/91986X/201504/，2019 年 12 月。
③ 中国植物病理学会：中国植物病理学会简介，http://www.cspp.org.cn/file/about.asp，2019 年 12 月。
④ 中国植物学会：学会简介，http://www.botany.org.cn/content.aspx?PartNodeId=3，2019 年 12 月。
⑤ 中国植物学会：学会简介，http://www.botany.org.cn/content.aspx?PartNodeId=3，2019 年 12 月。

在三个方面：其一，"今日之植物学界，虽专门研究，多知努力，然对于各级学校之植物学教学方法，尚少注意"；其二，"纯粹之科学研究与斯学之应用方面，影响甚浅，此殊有负于吾国天赋之植物宝藏也"；其三，"纵观欧美诸邦，一般社会人士，舍专门学者外，每以植物学之研究为副业，而园艺农林各学科，与其纯粹之植物学研究，尤息息相关，交相辅助。故斯学之进步特速，而专门研究之影响与民生国计亦特大，此吾所宜效法者也。"[①]《中国植物学杂志》第 1 卷第 1 期于 1934 年 3 月在北京正式出版，总编辑为胡先骕，初创时为季刊，以半通俗文字介绍植物学的新知识，每年 1 卷，每卷 4 期。后因抗日战争爆发，杂志停刊，共发行 4 卷、13 期；[②] 1950 年复刊；1952 年，《中国植物学杂志》与中国动物学会的动物学刊物合并为《生物学通报》，一直沿用此名称至今。

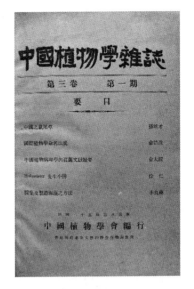

《中国植物学杂志》
1936 年 5 月第 3 卷第 1 期

（二）《中国植物学汇报》/《植物学报》

1935 年 6 月，英文版《中国植物学汇报》正式出版，由中国植物学会编辑发行，李继侗为总编辑，以西文刊印，不定期发行，内容分为两部分：前一部分是研究类的论文，后一部分为国内发表论文的摘要。[③][⑤] 抗日战争及解放战争期间，学会活动减少，被迫停刊。1952 年，《中国植物学汇报》与《中国实验生物学杂志》《水生生物学汇报》等杂志植物学部分合并，改称《植物学报》出版，由中国植物学会编辑。[⑥][⑦] 1966 年"文化大革命"开始后中国植物学会工作中断，学会主

---

① 中国植物学杂志社：《发刊词》，《中国植物学杂志》，1934 年第 1 期，第 2 页。

② 肖蕾：《民国时期的中国植物学会》，《河北北方学院学报》，2014 年第 30 卷第 3 期，第 44 页。

③ 孙启高：《中国植物学会成立初期的历史回顾》，《中国植物学会七十周年年会论文摘要汇编（1933—2003）》，2003 年，第 557 页。

④ 李长复：《中国植物学会主办的期刊及其演变》，《植物杂志》，1993 年第 5 期，第 47 页。

⑤ 裴鉴：《中国科学团体特辑：中国植物学会》，《科学大众》，1948 年第 4 卷第 6 期，第 266 - 268 页。

⑥ 傅沛珍：《纪念中国植物学会成立六十五周年》，《植物学通报》，1998 年第 15 卷第 5 期，第 74 - 75、16 页。

⑦ 李长复：《中国植物学会主办的期刊及其演变》，《植物杂志》，1995 年第 5 期，第 47 页。

办的期刊全部停刊。1973年，《植物学报》复刊至今。[①] 1990年还创办英文版《中国植物学报》（*Chinese Journal of Botany*）。[②]《植物学报》主要刊登涵盖植物科学各领域（包括农学、林学和园艺学等）具有重要学术价值的创造性的研究成果。

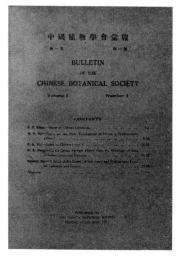

《中国植物学汇报》1935年第1卷第1期　　　　《植物学报》1952年第1卷第2期

（三）其他学术期刊

中国植物学会主办的期刊还有《植物分类学报》《植物生态学与地植物学丛刊》《真菌学报》等。

1951年，由植物分类研究所编辑的《植物分类学报》出版，它是在抗日战争中停刊的《静生生物调查所汇报》《国立北平研究院植物研究所丛刊》《国立中央研究院植物学汇报》《中科院生物研究所植物部论文丛刊》等4种刊物的继续。1963年，改由中国植物学会主办，1966年因"文化大革命"停刊，1973年复刊至今。[③][④]

1955年，中国科学院植物研究所创办《植物生态学与地植物学丛刊资料》；1963年，更名为《植物生态学与地植物学丛刊》，由中国植物学会编辑，钱崇澍任主编，国内外发行；"文化大革命"期间停刊，1979年复刊，侯学煜任主编；1986年，

① 中国植物学会五十年编写组：《中国植物学会五十年》，《中国科技史料》，1985年第6卷第2期，第54页。

② 李长复：《中国植物学会主办的期刊及其演变》，《植物杂志》，1995年第5期，第47页。

③ 中国植物学会五十年编写组：《中国植物学会五十年》，《中国科技史料》，1985年第6卷第2期，第54页。

④ 李长复：《中国植物学会主办的期刊及其演变》，《植物杂志》，1995年第5期，第47页。

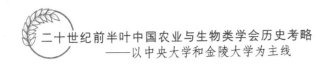

《植物生态学与地植物学丛刊》更名为《植物生态学与地植物学报》并沿用至今。[1]

1974年，中国植物学会创办中级刊物《植物学杂志》，曹宗巽任主编；1977年更名为《植物杂志》至今，仍由曹宗巽主编，是一本科普刊物。

1982年，中国植物学会与中国动物学会联合创办《真菌学报》，1997年更名为《菌物系统》，2004年更名为《菌物学报》，由中国科学院微生物研究所和中国菌物学会共同主办。[2]

六、中国动物学会主办的学术期刊

1934年8月23日，中国科学社在江西庐山莲花谷召开年会时，在秉志、陈桢、胡经甫、辛树帜、经利彬、王家辑、伍献文等人的倡导下，中国动物学会宣告成立。截至2018年，中国动物学会下属15个二级分会（专业委员会），设有12个工作委员会和学会日常办事机构秘书处，同时联系着30个省、自治区、直辖市地方学会（未含港、澳、台），现有会员约17 600人，[3] 主办 Current Zoology、《动物分类学报》《动物学杂志》《寄生虫与医学昆虫学报》《兽类学报》《蛛形学报》《生物学通报》《动物学研究》和 Chinese Birds 等9种学术期刊。

（一）《中国动物学杂志》/《动物学报》

中国动物学会成立后，组织编委会即决定创办有关动物学的学术期刊。1935年，推选秉志任总编辑，陈桢、朱洗、贝时璋、董聿茂、寿振黄、胡经甫、卢于道任干事编辑的编辑委员会，创办了《中国动物学杂志》。该刊专载动物学方面有贡献、有价值的研究论文，当时定为年刊。第1卷于1935年出版，刊登论文11篇，共133页。[4] 1936年8月，在中国动物学会第三届学术

《中国动物学杂志》1935年5月第1期

① 李长复：《中国植物学会主办的期刊及其演变》，《植物杂志》，1995年第5期，第47页。
② 《菌物学报》编辑部：《菌物学报》期刊介绍，http://manu40.magtech.com.cn/Jwxb/CN/volumn/home.shtml，2019年12月。
③ 中国动物学会：中国动物学会历史沿革，http://czs.ioz.cas.cn/gyxh/lsyg/，2019年12月。
④ 郑作新：《中国动物学会三十年简史（1934—1964）》，《动物学杂志》，1964年第6期，第241页。

年会上，推选陈桢为主编，胡经甫为干事编辑，出版《中国动物学杂志》第2卷，发表论文15篇，计201页；第3卷由于时局动荡，印刷经费无着，延至1949年3月才出版，刊登论文8篇，计68页。[①] 因此，新中国成立前该刊总计出刊3卷。

1953年，《中国动物学杂志》更名为《动物学报》，自1954年起恢复每年一卷，每卷2期（即半年刊）；自1957年起调整为季刊。[②] 至1964年，每期约160面，每卷近100万字，为学报中篇幅较多的一种，每期发行量在3 000册左右。[③]

（二）《生物学通报》

为适应中等学校自然科学教师的需要，以帮助教学、提高教学质量为目的，1952年5月间，全国科联（后与全国科普协会合并改名为中国科协）根据政务院文化教育委员会指示，将中国植物学会的《中国植物学杂志》与中国动物学会正在筹备出版的通俗动物学刊物，合并改名为《生物学通报》，并成立编辑委员会，主任编辑汪振儒，副主任编辑沈同。经过两个月的筹备，《生物学通报》（暂定双月刊）第1卷第1期便在1952年8月30日与读者见面，至1953年定为月刊，1962年改为双月刊。[④] 2014年，该刊入选国家新闻出版广电总局第一批认定学术期刊。

《生物学通报》1952年10月
第1卷第2期

（三）《动物分类学报》

1964年，由于研究论文日益增多，中国动物学会又与中国昆虫学会合编创办了《动物分类学报》，首届主编为陈世骧，编委由陈世骧、冯兰洲、刘崇乐、

---

①② 《中国动物学会八十年》编辑组：《中国动物学会八十年（1934—2014）》，中国动物学会，2014年，第241-245页。

③④ 郑作新：《中国动物学会三十年简史（1934—1964）》，《动物学杂志》，1964年第6期，第242页。

郑作新等 24 人组成。1966 年，《动物分类学报》被迫中断出版，1979 年复刊至今。[①] 主要刊发从原生动物到脊椎动物有关动物分类学、形态学、系统发育和动物地理学等领域的最新研究成果，动物系统进化、分类理论研究、区系渊源等研究论文，新技术、新方法在分类学上的应用或学科发展综述论文。

《动物分类学报》1964 年
第 1 卷第 2 期

（四）其他学术期刊

中国动物学会先后创办《中国动物学会通讯》《寄生虫与医学昆虫学报》《兽类学报》《蛛形学报》等学术期刊。

《中国动物学会通讯》创刊于 1956 年 3 月 1 日，内容是报道会务，加强联系，交流经验和开展学术上自由争论的园地，为内部刊物。该刊创刊后仅出 3 期便停刊，刊出时间分别为 1956 年 3 月、6 月和 10 月，直至 1981 年恢复出版，定为年刊。[②③]

1964 年，由中国动物学会主办的《寄生虫学报》创刊，属季刊，是一种综合性刊物，该刊至 1966 年仅出刊 3 期即停刊了。"文化大革命"后该刊交给中国医学科学院微生物流行病研究所续办。1994 年更名为《寄生虫与医学昆虫学报》，由中国动物学会、中国昆虫学会和军事医学科学院微生物流行病研究所联合主办，现为中国文献统计源期刊、中国基础医学类核心期刊。[④]

此外，中国动物学会于 1981 年创办《兽类学报》，由兽类学分会和中科院西北高原生物研究所合办，至 1985 年出版 4 卷[⑤]；于 1992 年创办《蛛形学报》，由蛛形学专业委员会与湖北大学合办。

---

① 郑作新：《中国动物学会五十年》，《中国科技史料》，1985 年第 3 期，第 47 页；《中国动物学会八十年》编辑组：《中国动物学会八十年（1934—2014）》，中国动物学会，2014 年，第 19 页。

② 《中国动物学会通讯第一、二期》，中国动物学会档案，1956 - 03 - 01。

③ 《中国动物学会第八届理事会工作报告与第二届全国会员代表大会总结以及第九届理事会名单》，中国动物学会档案，1956 - 02 - 01。

④ 《中国动物学会八十年》编辑组：《中国动物学会八十年（1934—2014）》，中国动物学会，2014 年，第 19 页。

⑤ 郑作新：《中国动物学会五十年》，《中国科技史料》，1985 年第 3 期，第 47 页。

《中国动物学会通讯》1982年第2期　　《寄生虫与医学昆虫学报》1993年创刊号

七、中国畜牧兽医学会主办的学术期刊

　　1935年夏，蔡无忌、王兆麟、程绍迥、崔步青、陈之长、罗清生等首先在上海发起组成"中国兽医学会"。1936年夏，由刘行骥、汪启愚（汪德章）、虞振镛、王兆麟、陈舜耘、沈九成等在南京发起成立"中国畜牧学会"。蔡无忌和罗清生都曾担任过中央大学农学院院长。

　　1936年中国畜牧学会成立之时，正是中国兽医学会即将举行年会之际，两会有感于统一的必要，商定年会和成立大会同时举行，遂于1936年7月19日在南京宣告成立"中国畜牧兽医学会"。[1] 学会现拥有38个学科分会，个人会员近6万名（其中高级会员1 500名），团体会员400多个，并与全国32个省级畜牧兽医学会建立了密切的业务联系和指导关系。[2] 主办《中国畜牧杂志》《中国兽医杂志》《畜牧兽医学报》《动物营养学报》、*Journal of Animal Science and Biotechnology*、*Animal Nutrition* 等6种学术期刊。

《畜牧兽医季刊》1935年
第1卷第1期

---

　　① 中国畜牧兽医学会：《中国近代畜牧兽医史料集》，农业出版社，1992年，第338－339页。

　　② 中国畜牧兽医学会：中国畜牧兽医学会简介，http://www.caav.org.cn/showNewsXHJSDetail.asp?nsId=13，2019年12月。

新中国成立前，我国畜牧兽医专业书刊出版数量比较少，翻译国外畜牧兽医科技书刊较多，这是西方兽医传入我国的开始。1928年3月郑永存编辑出版了《中国养鸡杂志月刊》。1935年，中央大学畜牧兽医系主办《畜牧兽医季刊》（主编为罗清生教授），1937年因抗日战争停刊，后于成都复刊；1940年，改名为《畜牧兽医月刊》，由畜牧兽医系中华畜牧兽医出版社[①]发行；1943年《畜牧兽医月刊》的第3卷由中国畜牧兽医学会出版部继续编辑出版；[②] 抗日战争胜利后，中央大学畜牧兽医系迁至丁家桥办学，中国畜牧兽医学会继续出版《畜牧兽医月刊》至1947年第6卷；1948年改由中央大学畜牧兽医系发行，7期后因故停刊。[③] 1950年，在罗清生、梁达倡议下，集资成立畜牧兽医图书出版社，恢复编辑《畜牧与兽医》双月刊。1958年，改由江苏人民出版社出版，由南京农学院主编。1960年因故停刊，1973—1977年曾内部发行和试刊，1980年复刊。[④]

1935年，陆军兽医学校旅南京同学会主办了《兽医畜牧学杂志》。1936年，陆军兽医学校主办了《兽医月刊》。1943年中央畜牧实验所编印出版了《中央畜牧兽医汇报》。这些都是当时重要的全国性畜牧兽医学期刊。[⑤]

新中国成立后，中国畜牧兽医学会于1953年创办了《中国畜牧兽医杂志》，当时为季刊，后改为双月刊、月刊，由江苏人民出版社出版，是当时对外交流的重点刊物。兽医学家程绍迥在该刊第一期上撰写了创刊词。随着畜牧兽医事业发展和读者的需要，1957年又将该刊分为《中国畜牧杂志》《中国兽医杂志》两个刊物分别发行。

1955年2月，中国畜牧兽医学会编辑出版了《畜牧兽医学报》和《畜牧兽医译报》，为不定期刊物，1963年开始定为双月刊。目前，中国畜牧兽

①　中华畜牧兽医出版社系1940年由陈之长、罗清生教授等倡议、集资成立，参加者先后有110人，其中中央大学畜牧兽医系23人，四川省农业改进所和血清厂15人，其余遍及全国各地（沦陷区除外），社址设于成都，组织机构分为理事会、会计股、编辑股、总务股和监事会。可见在中国畜牧兽医学会尚无活动时，中华畜牧兽医出版社起到一定了团结同事、促进科学交流的作用。

②　当时经费紧缺，1942年8月第2卷第11、12的《畜牧兽医月刊》的《本刊紧要启事》中写道"本刊自二九年双十节创刊……本年九月将第二卷出完后暂行停刊数月，俾本社经济略得苏息，而同人等亦可藉此数月之时间，向各方呼吁声援，请求辅助，如能获得相当结果，当于明年一月复刊，继续出版第三卷第一期……"

③　祝寿康：《〈畜牧与兽医〉追忆溯源——中央大学畜牧兽医系的编辑出版工作纪要》，《畜牧与兽医》，2008年第1期，第2页。

④　祝寿康：《〈畜牧与兽医〉创刊和发展纪要》，《畜牧与兽医》，2015年第1期，第1页。

⑤　华恕：《中国农学会66周年纪念刊：我国农业学术团体之沿革与现状》，农业出版社，1985年，第165-167页。

医学会主办《中国畜牧杂志》（1963 年创刊）、《中国兽医杂志》（1963 年创刊）、《畜牧兽医学报》《动物营养学报》、*Journal of Animal Science and Biotechnology*（《畜牧与生物技术杂志》）、*Animal Nutrition*（《动物营养》）6 个全国性科技期刊和《中国畜牧兽医学会会讯》，与农民日报社合办《猪业观察》，与河北省畜牧兽医学会合办《北方牧业》等期刊，在学界、业界具有较大的影响。[①]

八、中国昆虫学会主办的学术期刊

中国昆虫学会的前身是 1928 年成立的六足学会，成立之初仅有会员 10 余人，1930 年扩充至 20 余人，由江苏省昆虫局职员，还有中央大学、金陵大学研习昆虫的师生组成。[②] 学会由时任江苏省昆虫局局长张巨伯主持工作，吴福桢、邹树文、胡经甫、张景欧、杨惟义、尤其伟、郑同善等为会员，他们并不是都在南京工作，都自称为"六足战士"。当时学会的活动非常频繁，每周或半月活动一次，气氛很活跃。至 1932 年，时局动乱，江苏省昆虫局停办，六足学会活动同时终止。1937 年，昆虫学家陈世骧、冯敦棠、吴福桢、刘淦芝、李凤荪等，发起组织中国昆虫学会，计划在中国科学社举行年会时创立。[③] 后因战事，中国昆虫学会成立大会改期，直至 1944 年才在重庆成立，吴福桢当选第一届理事长。1950 年更名为中国昆虫学会。

学会现设有 5 个工作委员会、22 个专业委员会，理事 37 人。[④] 目前，主办《昆虫学报》《昆虫知识》《中国昆虫科学（英文版）》《寄生虫与医学昆虫学报》《动物分类学报》《昆虫分类学报》和《环境昆虫学报》等 7 种学术期刊。[⑤]

（一）《昆虫学报》

1950 年，《昆虫学报》在北京创刊，为发表创造性论文的学术性期刊。理事会聘请刘崇乐（总编辑）、朱弘复、吴福桢、冯兰洲、陆近仁、张巨伯、黄其林、

① 中国畜牧兽医学会：中国畜牧兽医学会简介，http://www.caav.org.cn/showNewsXHJSDetail.asp?nsId=13，2019 年 12 月。

② 王勉成：《六足学会概况》，《农业周报》，1930 年第 61 期，第 22 页。

③ 《教育要闻：昆虫学专家发起组织中国昆虫学会》，《江西地方教育》，1937 年第 80 期，第 31 页。

④ 中国昆虫学会：中国昆虫学会历史简介，http://entsoc.ioz.cas.cn/jj/，2019 年 12 月。

⑤ 徐子政、秦政：《中国昆虫学会》，《科技导报》，2011 年第 29 卷第 32 期，第 83 页。

曾省等组成编委会。当年9月出版创刊号，刊名《中国昆虫学报》由郭沫若题写。自第2卷（1952年）起，刊名改为《昆虫学报》，编委会扩大为13人。1960年全国整顿期刊，《昆虫学报》停刊，1961年12月复刊。1966年，《昆虫学报》被迫停刊，1973年在挂靠单位中国动物研究所和科学出版社的大力支持下复刊，直到1978年党的十一届三中全会召开后，编辑工作才恢复正常，[①]复刊至今，《昆虫学报》对我国昆虫研究、农业害虫防治做出了突出贡献。

《中国昆虫学报》创刊号，
后改为《昆虫学报》

（二）《昆虫知识》

1955年，《昆虫知识》创刊，科学出版社出版，双月刊。期刊以普及与提高、理论与实践相结合为编辑方针。创刊时由管致和（主编）、赵星三、曹骥、黄可训等组成编委会；1960年停刊，1963年复刊，由朱弘复（主编）、龚坤元、岳宗（副主编）等35人组成编委会，设有工作经验、研究简报、文献综述、试验园地、学术讨论、基础知识、书刊介绍等栏目。稿源充裕，报道及时，内容丰富，读者面广，国内外发行量常保持在3万册左右。[②]

《昆虫知识》1955年创刊号

（三）《中国昆虫学会通讯》

该刊于1947年创刊（季刊），主编黄志溥。内容包括会务消息、分会动态、论著综述、工作简报、书刊介绍，并及时报道治虫消息。1948年因战事影响而停刊，共出版2卷5期。1983年，《中国昆虫学会通讯》复刊，为不定期的内部刊物，赠送各地昆虫学会及会员，以沟通消息。[③]

---

① 吴福桢、岳宗：《中国昆虫学会史（1924—1984）》，北京海淀华新印刷厂，1986年，第7页。
② 吴福桢、岳宗：《中国昆虫学会史（1924—1984）》，北京海淀华新印刷厂，1986年，第26-27页。
③ 吴福桢、岳宗：《中国昆虫学会史（1924—1984）》，北京海淀华新印刷厂，1986年，第13页。

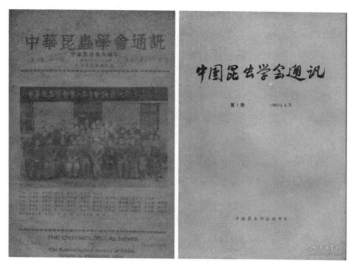

左图为《中华昆虫学会通讯》第 2 卷第 1 期，新中国成立后改名为《中国昆虫学会通讯》，
右图为 1983 年复刊号

（四）《环境昆虫学报》

由我国著名昆虫学家蒲蛰龙院士于 1979 年创办，原刊名《昆虫天敌》，自 2008 年 1 月起更名为《环境昆虫学报》至今。

此外，中国昆虫学会曾于 1958 年创办《应用生态学报》，当年即停刊，由科学出版社出版，共出 1 卷 4 期。理事会聘请周明牂为主编，曹骥为副主编，编委 15 人。《应用生态学报》以登载应用昆虫学方面的创造性论文为主，是生产大跃进的产物。[①] 于 1964 年起至今与中国动物学会合办《动物分类学报》。

《昆虫天敌》创刊号

九、中国土壤学会与中国农业工程学会办刊情况

中国土壤学会于 1945 年 12 月 25 日由李连捷、黄瑞采、朱莲青、张乃凤、陈恩凤等 7 人在重庆北碚发起成立，并组成第一届理事会。限于资料，目前未找

---

① 吴福桢、岳宗：《中国昆虫学会史（1924—1984）》，北京海淀华新印刷厂，1986 年，第 27 页。

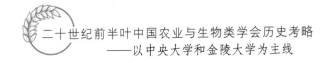
到该学会在民国时期主办的学术期刊信息。但1936年成立的中国土壤肥料学会，其唯一会务就是出版刊物《土壤与肥料》，但因战事影响仅由中山大学农学院编辑发行了3期，其中第1、2期是合刊。

中国农业工程学会的前身是1948年在美国加州成立的中国农业工程师学会，后因故未继续开展活动，根据已有资料未发现创办学术期刊。

十、结语

新中国成立后，中央大学农学院和金陵大学农学院师生为主要组织者或骨干成立的农业与生物类学会总部及其主办的期刊，基本都迁址北京，分别挂靠于农业部、中国科学院相关研究所、北京农业大学等，现为中国科学技术协会（1915年在美国成立的中国科学社为其前身之一）旗下的全国一级学会，并衍生出一批新的学会和新办期刊。目前，仅《畜牧与兽医》（前身为创办于1935年的《畜牧兽医季刊》）留存南京，由南京农业大学主办。

20世纪20年代以来，中国农学与生物类学会主办的学术期刊沿革，反映了近现代中国农业与生物学领域学会活动的轨迹，记录了现代农业科学和技术在中国传播的过程，记载了农业科学家们履行使命、服务国家和民族的实践业绩，对当今学术社团、学术期刊和学术共同体建设提供了历史借鉴。

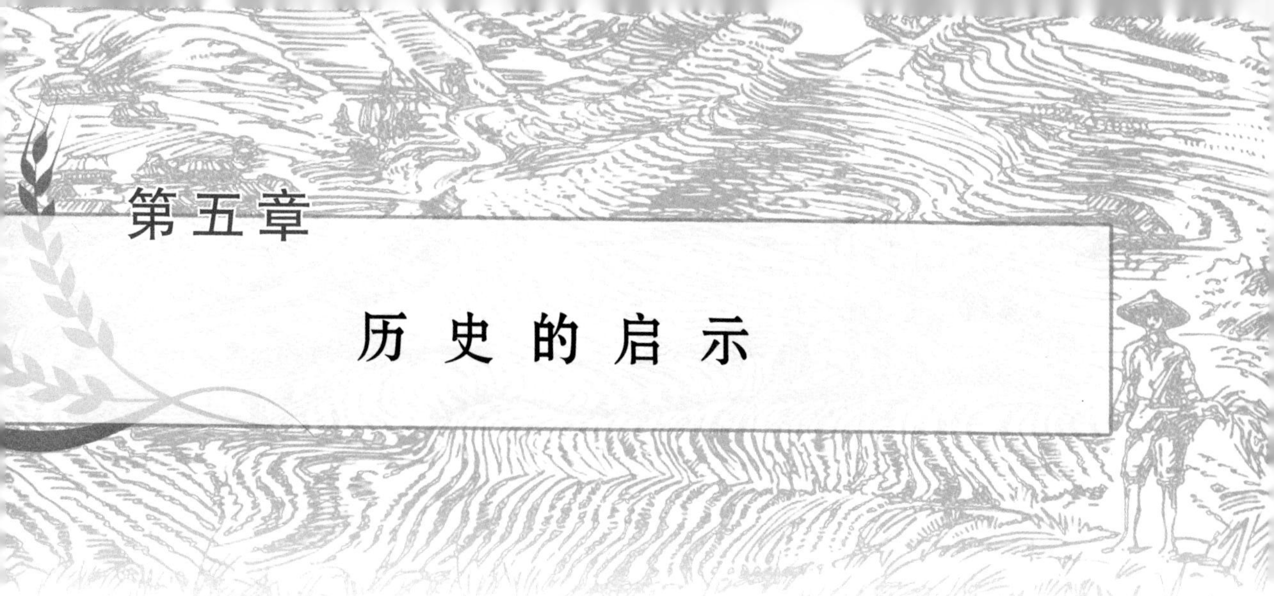

第五章

历 史 的 启 示

20世纪前半叶见证了中国两千年封建制度的瓦解、民族的屈辱、人民的苦难和社会的巨大动荡。在艰难的蜕变过程中，一群怀抱"科学救国"理想的学者，开始了艰苦的探索。以中国科学社（1915）为起始，中国职业科学家群体逐渐形成，并在动荡的环境中为引进近现代科学技术、提升全民科学素养、推动产业变革、培养专业人才做出了重要贡献。

在农业和生物科学领域，中华农学会（1917）、中华森林会（1917）、中国园艺学会（1929）、中国植物病理学会（1929）、中国植物学会（1933）、中国动物学会（1934）、中国畜牧兽医学会（1936）、中华昆虫学会（1944）、中国土壤学会（1945）和中国农业工程师学会（1948）等学术团体，为中国农业的进步提供了坚实的支撑，也为后人留下了宝贵的精神财富。

一、学会与大学相互成就

学会创办人和骨干人员，与中央大学和金陵大学紧密联系，学会与大学相互支持，相互成就，共同推动了农业与生物科学在近代中国的传播。

（一）中央大学与中国科学社

中央大学是建立在南京高等师范学校和东南大学的基础之上，是民国时期的最高学府。南京高等师范学校（以下简称南高师）、国立东南大学（以下简称东大）在教育和科学方面的巨大发展得益于整体进驻的中国科学社。中国科学社于1914年6月在美国酝酿成立，比南高师还要早成立两个月。当时，以任鸿隽、杨杏佛、赵元任为首的一批中国留美学生看到"欧美各国的强大，都是应用科学发明的结果"，遂成立中国科学社"以共图中国科学之发达"。南高师成立时，中国科学社的骨干成员还都在美国留学，校长郭秉文曾担任过留美中国留学生联合会会长，在留美期间交游广泛，在他的号召之下，中国科学社成员陆续学成回国时，不少人应其之邀相继到南高师任职。中国科学社1918年迁回国内时，总部便设在南京。南高师及之后的东大遂成为中国科学社骨干成员的云集之所。南高师1920年底获得政府批准改组为东大时，文科的梅光迪、陈钟凡、汤用彤、陈衡哲、陆志伟，理科的任鸿隽、竺可桢、张子高，农科的邹秉文、胡先骕，工科的茅以升，商科的杨杏佛，教育科的陶行知、陈鹤琴，都是中国科学社的成员。

南高师-东大与中国科学社的联系相当紧密，被时人称为"中国科学社的大本营"。这种联系形成了南高师-东大"注重科学"的特色，使其迅速成为"中国科学发展的一个主要基地"。1917成立的中华农学会，和中国科学社颇有渊源，从创办发起人员到早期活动的组织者、参与人员许多都是中国科学社的会员。两个学术团体相互合作，共同推动中国的农业教育、科研发展。1933年、1934年成立的中国植物学会、中国动物学会在人员、经费、活动等方面都得到中国科学社的鼎力支持。

中央大学（以下简称中大）农学院源自南高师农科、东大农科，不断发展，在近现代农业和生物科学教育、培养人才、学术交流等方面有很重要的贡献。东大农科就有优良的师资，不断地发展，到中大农学院时期更加完备。

中央大学农学院民国时期照片（丁家桥校区）

1921 年《中华农学会报》第 3 卷第 3 号刊文《国立东南大学农科之基础与计划》，录有当时任教的教授名录，内有邹秉文、李炳芬、汪德章、何尚平、吴耕民、秉志、胡先骕、竺可桢、孙恩麟、原颂周、张巨伯、费咸迩、叶元鼎、过探先、葛敬中、杨炳勋、贺康、钱崇澍。

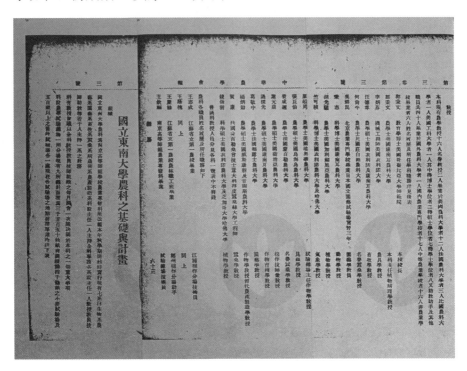

（二）十大学会代表性人物在大学农学院任职情况

以新中国成立前成立的十个农业及生物类学会来看，其主要创办人包括了中央大学许多知名教授（表 5-1），尤其是担任过农学院领导的邹秉文、过探先、梁希、邹树文、冯泽芳、罗清生、邹钟琳、金善宝等。

表 5-1　十大农业与生物类学会代表人物在中央大学、金陵大学的任职或身份情况[1]

序号	学会名称	创办时间	代表人物	在中央大学、金陵大学的任职或身份
1	中华农学会	1917	过探先	1915—1919 年任江苏省立第一甲种农业学校校长 1921—1925 年任国立东南大学农艺系主任、农科副主任、推广系主任 1925—1929 年任金陵大学农林科主任
2			邹秉文	1917—1927 年任南京高等师范学校农业专修科、国立东南大学农科系主任 1930—1931 年任国立中央大学农学院院长

---

①　笔者根据《南京农业大学发展史（人物卷）》（中国农业出版社，2012 年）等编制。

（续）

序号	学会名称	创办时间	代表人物	在中央大学、金陵大学的任职或身份
3	中华农学会	1917	陈嵘	1915—1922 年任江苏省立第一甲种农业学校林科主任 1925—1952 年任金陵大学森林系主任
4			梁希	1933—1949 年任国立中央大学森林系教授
5	中华森林会	1917	凌道扬	1916 年任金陵大学林科主任 1929 年任国立中央大学森林科主任
6			傅焕光	1918 年任江苏省立第一甲种农业学校教员 1922—1924 年任国立东南大学农科秘书兼编辑 1927 年江苏省立第一甲种农业学校校长
7			李寅恭	1927—1952 年任国立第四中山大学森林组、国立中央大学森林系主任
8	中国园艺学会	1929	吴耕民	1921—1927 年任国立东南大学园艺系主任
9			胡昌炽	1928—1948 年任金陵大学园艺系主任
10			章文才	1923—1927 年金陵大学园艺系就读 1927—1931 年任金陵大学园艺系助教 1938—1945 年任金陵大学园艺系教授兼科学研究部主任 1947—1948 年任金陵大学园艺系教授
11	中国植物病理学会	1929	戴芳澜	1923—1927 年任国立东南大学植物病理学教授 1927—1934 年任金陵大学植物病理系主任
12			裘维蕃	1931—1935 年金陵大学植物病理系就读 1935—1937 年任金陵大学助教
13			沈其益	1929—1933 年国立中央大学农学院就读 1933—1934 年任国立中央大学农学院助教 1941—1948 年任国立中央大学生物系教授
14	中国植物学会	1933	胡先骕	1918—1926 年[①]先后任南京高等师范学校农林专修科植物学教授，国立东南大学农科植物学教授
			钱崇澍	1916—1918 年任教于江苏省立第一甲种农业学校 1919—1923 年任金陵大学、国立东南大学教授
15	中国动物学会	1934	秉志	1920—1925 年任南京高等师范学校教授、国立东南大学生物系主任
16			伍献文	1918—1921 年就读于南京高等师范学校农业专修科 1927—1928 年任教于国立中央大学生物学系
17			王家楫	1917—1920 年就读于南京高等师范学校农业专修科 1920—1924 年留校任助教，1924 年获国立东南大学学士学位
18			陈桢	1914—1918 年就读于金陵大学 1922—1924 年任国立东南大学生物系教授

---

① 1923 年 9 月至 1925 年 7 月期间，胡先骕曾赴美攻读植物分类学，获哈佛大学硕士、博士学位。

（续）

序号	学会名称	创办时间	代表人物	在中央大学、金陵大学的任职或身份
19	中国畜牧兽医学会	1936	蔡无忌	1927—1929 年任国立第四中山大学农学院、国立中央大学农学院院长
20			陈之长	1929—1946 年任国立中央大学畜牧兽医系教授兼系主任①
21			罗清生	1923—1952 年任国立中央大学、南京大学畜牧兽医系教授 1952—1974 年任南京农学院畜牧兽医系教授
22			虞振镛	1952—1958 年任南京农学院畜牧兽医系教授
23	中国昆虫学会	1944	邹树文	1920—1928 年任南京高等师范学校、国立东南大学农科教授 1932—1941 年任国立中央大学农学院院长
24			张巨伯	1918—1932 年任南京高等师范学校、国立东南大学、国立中央大学昆虫学教授兼病虫害系主任
25			吴福桢	1917—1920 年就读于南京高等师范学校农业专修科 1920—1925 年留校，1925 年获国立东南大学学士学位 1928—1930 年任江苏省昆虫局技师，国立中央大学、金陵大学教授
26			邹钟琳	1917—1920 年就读于南京高等师范学校农业专修科 1920—1929 年留校②，1925 年获国立东南大学学士学位 1932—1952 年任国立中央大学、南京大学副教授、教授、农学院院长 1952—1985 年任南京农学院、南京农业大学教授
27	中国土壤学会	1945	黄瑞采	1924 年就读于金陵大学 1925 年就读于国立东南大学农学院 1927—1929 年再次就读于金陵大学 1929 年任国立中央大学森林系助教 1930—1935 年任金陵大学助教 1937—1952 年任金陵大学教授、农艺系主任 1952—1988 年任南京农学院、南京农业大学教授
28			朱莲青	1929—1933 年就读于金陵大学农学院
29			陈恩凤	1929—1933 年就读于金陵大学农学院
30	中国农业工程师学会	1944	蒋耀	1933—1937 年就读于国立中央大学农艺系 1937—1947 年任国立中央大学助教、讲师，其中 1942 年获中央大学农艺硕士学位
31			张季高	1936—1940 年就读于金陵大学农学院 1942—1945 年任金陵大学农艺系讲师，1944 年获金陵大学硕士学位
32			吴相淦	1933—1937 年就读于金陵大学农艺系 1943—1945 年任金陵大学农具学讲师 1948—1952 年任教于金陵大学 1952—2005 年任南京农学院、镇江农业机械学院、南京农业大学教授

---

① 1937 年 3—11 月汪德章为畜牧兽医系主任。

② 1922 年设在国立东南大学农学院的江苏省昆虫局成立，邹钟琳服从校方安排，在昆虫局从事水稻螟虫防治工作。

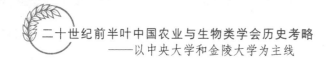

二、学会发展应坚持正确的方向

（一）矢志不渝的执著办会精神

1. 饱受战乱之苦，仍不忘促进科学发展之初心 在十大学会创立后到新中国成立前的这段时间，是战乱频仍的时代。连年战争对我国各行各业产生巨大的破坏作用，在科学和教育行业更是明显。1937 年，南京沦陷前夕，学会和期刊被迫西迁，会务和期刊出版受到严重的影响。即便如此，中华农学会等仍努力克服困难，若干大的会务活动基本都坚持了下来，突出的便是举办年会与出版会报。在 1917—1942 年的 25 年中，一年一度的学术年会，纵然干戈遍地，始终弦歌未辍，而且都是自费与会，殊为难得。[①] 再如，创刊于 1940 年 5 月的《中华农学会通讯》，在抗日战争期间仍坚持办刊，一直是中华农学会用以联络农学同仁最重要的刊物，成为时局动荡时期联络农学界同志的有效渠道。[②]

抗日战争期间《中华农学会报》的出版，可谓历尽艰辛，为之不易。第 163～168 期（1937 年 8 月到 1940 年 4 月）均在重庆出版。但当时印刷设备简陋，即便粗糙的土纸也是奇缺，出版成本高企。后来得到上海会友帮助，第 169～173 期均得以在上海顺利印刷出版。1941 年冬天，上海沦陷，已交付上海美商永宁公司承印的第 174～176 期文稿均毁于战火。[③]

中国动物学会会员即便在内迁的长途跋涉、颠沛流离中，甚至冒着敌机空袭的危险，仍旧沿途采集动物标本，并很快结合当地实情与特点，开展研究工作。当时的研究工作主要集中在分类研究方面，其次在形态、生态、生理、胚胎发育方面也开展了部分研究。在此期间还于当地有关机构合作进行了许多战时应用动物学问题研究，取得了一些成绩。[④]

2. 不畏清贫，甘于奉献，共同促进学术期刊发展 当时中国科学社的经费艰难，办刊科学家不畏清贫，为期刊发展奔波忙碌，"除助理员略受津贴以资膏火外，各研究员皆以大学教授课余之时间，从事研究而提倡之，皆不计薪"。最初由

① 华恕：《中国农学会 66 周年纪念刊：我国农业学术团体之沿革与现状》，农业出版社，1985 年，第 12 页。

② 赵方田、杨军：《中国农学会史》，上海交通大学出版社，2008 年，第 29 - 30 页。

③ 曹幸穗：《抗日时期的中华农学会——（附录）抗日时期各届学术年会论文目录》，《中国农史》，1986 年第 4 期，第 79 - 88 页。

④ 《中国动物学会八十年》编辑组：《中国动物学会八十年（1934—2014）》，中国动物学会，2014 年，第 10 页。

胡先骕、钱崇澍负责植物部，由秉志、陈桢负责动物部，他们都在东南大学任教。秉志不仅不计薪，还酌捐一部分月薪，以给助予所外之研究者。[①] 在任中华农学会理事兼总干事期间，陈嵘曾为该会筹募资金，1930 年在南京双龙巷购置地皮，为该会新建了会所。同时，他自己还为学会捐钱、捐书，积累基金 20 余万元。[②]

"中华农学会西迁重庆后，会内外热心同志，金以为会报系农学界历史最久之出版物，未可听其停刊，乃捐集印刷费，于二十七年八月，在渝复刊一册，继又由本会节资续刊，刻已出版三册。"[③] 学术先贤们对学术期刊倍加珍惜，正如梁希指出的："抑欧化东渐以来，国内杂志林立，而农学独寥若晨星，从未有继续十八年，连绵百五十五期，累计一千万言如本报者。本会拥此有历史之月刊，岂独敝帚足以自珍而已？海内外预知中国农学之演进，欲识中国农业之掌故，欲察中国农政之推移者，寻绎本报，未始不可得一大概。"[④]

（二）与时俱进的多元发展路径

1. 根据学术发展需要多样化办刊   十大学会在中文期刊基础上，较早创办英文期刊，并取得较好的成绩，全面推动了国内相关科技发展，促进了我国农业和生物学的繁荣发展。中国畜牧兽医学会的英文期刊 *Journal of Animal Science and Biotechnology*、*Animal Nutrition* 已成为 SCI 检索期刊。根据中国科学引文数据库统计，1996 年中国科技期刊被引频次最高的 100 名排行，《植物学报》居于第 5 位，《植物分类学报》居于第 31 位，《植物生态学报》居于第 96 位。[⑤]《中国农学通报》被中国核心期刊数据库、中国农业科技文献数据库、中国农林文献数据库、联合国粮农组织数据库、国际农业和生物学文献数据库等收录；《植物病理学报》被英国农业与生物技术文摘（CAB）、联合国粮农组织 AGRIS 等收录。中国植物学会主办的 *Journal of Integrative Plant Biology*（JIPB）、*Journal of Systematics and Evolution*（JSE）、*Journal of Plant Ecology*（JPE）为 SCI 检索期刊。[⑥]

① 林文照：《中国科学社的建立及其对我国现代科学发展的作用》，《近代史研究》，1982 年第 3 期，第 219 - 220 页。

② 吴觉农：《中华农学会——我国第一个农业学术团体》，《中国科技史料》，1980 年第 2 期，第 78 - 82 页。

③ 《〈中华农学会近况〉及中华农学会请派员参加其二十三届年会的文书》，1938 年 4 月至 1940 年 5 月，中国第二历史档案馆 11 - 7353，第 1 - 2 页。

④ 华恕：《中国农学会 66 周年纪念刊：我国农业学术团体之沿革与现状》，农业出版社，1985 年，第 58 页。

⑤ 付沛珍，《纪念中国植物学会成立六十五周年》，《植物学通报》，1998 年第 15 卷第 5 期，第 73 - 74 页。

⑥ 中国植物学会：学会简介，http://www.botany.org.cn/content.aspx?PartNodeId=3。

2. 依托学会会员和大学教师开展重要著作的编纂 中国植物学会时任会长胡先骕等，在 1934 年第二届学会年会上首次提出编纂《中国植物志》的设想。遗憾的是，这一提议一直未被重视。《中国植物志》编纂委员会直到 1959 年 10 月才正式成立。2004 年，经过全国 80 多家科研和教学单位的 500 余位科技工作者 45 年的艰辛努力，迄今世界上记载物种最多的科学巨著、80 卷 126 册的《中国植物志》全部完成，并获得 2009 年国家自然科学奖一等奖。[①]

在第六届理事会期间（1951—1963），中国植物学会出版了约 250 万字的《中国经济植物志》。[②] 1982 年，中科院植物研究所图书情报室受学会委托，编写了《中国植物学文献目录》，由王宗训担任主编，收集了我国 1857—1981 年共 124 年间国内外发表的约 2.8 万篇论著的文献目录，并附有公元前至 19 世纪中叶与植物学有关的我国古书目录。[③]

3. 不断提升出版物质量 十大学会创立的各类学术期刊一直是科研人员发布农业和生物学研究成果的主阵地。《中华农学会报》是当时中国最权威的农业学术期刊，[④] 先后刊载对我国近现代农业科学具有深远影响的学术论文，如陈嵘的《中国树木志》、卜凯的《农村调查表》（1923）、沈宗瀚的《改良品种以增进中国之粮食》（1931）、冯和法的《中国农村的人口问题》（1931）、丁颖的《广东野生稻及野生稻育成的新种》（1933）、胡昌炽的《中国柑橘栽培之历史与分布》、金善宝的《中国小麦区域》（1940）等[⑤]。

（三）兼容并包的开放办会方针

1. 办会主导力量多具有海外留学背景 十大学会的主要发起人或推动人中，多数具有海外留学经历，且以拥有海外学历为主。中国动物学会 1934 年 8 月成立时，30 位发起人中 29 位有海外留学经历，赴美国留学的最多，有 18 人，其次分别为法国、德国、英国和日本。[⑥]

---

① 蔡瑞娜、葛颂：《振兴植物科学——中国植物学会的使命》，《生命世界》，2013 年第 9 期，第 4 - 7 页。

② 李长复：《中国植物学会主办的期刊及其演变》，《植物杂志》，1995 年第 5 期，第 47 页。

③ 汤佩松：《中国植物科学进展与回顾——汤佩松教授在中国植物学会 55 周年年会上的讲话摘要》，《植物杂志》，1989 年第 2 期，第 4 - 5 页。

④ 张丽阳：《民国时期的中华农学会研究》，东北大学硕士学位论文，2012 年第 6 页。

⑤ 王思明：《中国农学会与中国近代农业》，《中国农史》，2007 年第 4 期。

⑥ 《中国动物学会八十年》编辑组：《中国动物学会八十年（1934—2014）》，中国动物学会，2014 年，第 2 - 5 页。

留学归国人员带回的不仅是西方近代先进的科学技术，更为重要的是现代科学精神。在他们的推动下，学会和期刊将翻译、传播西方先进科学知识作为学会的重要工作内容，对西方近现代科学知识在我国的传播和普及起到巨大的促进作用。仅《中华农学报》第1～190期中，翻译西方的译著就有8部，还有大量介绍西方先进科学技术的论文及其试验成果。这些论文、著作为我国农业科学的发展奠定了理论和实践的基础，有些技术至今仍在沿用。[①]

2. 注重引进外文学术资料　新中国成立前，国内经济水平低下，研究和工作条件简陋。即便如此，各大学会仍十分注重外文书籍购置，通过代购、交换等形式配备农学、生物学外文书籍和期刊，努力引进西方先进科学知识。如1936年中华农学会的图书、杂志、报告、丛刊等的总量为9 887册，其中外文资料为4 537册，占总数的46%，英文、日文、德文和俄文的分别为3 060册、1 170册、300册和7册；再如停办于1929年的农学研究所附设图书室，拥有各类书籍、杂志、研究报告和单行本总计1 795册，而其中外文的有1 310册，占总数的73%；外文资料中，以英文为最多，总计671册，日文资料617册，此外还有德文资料22册。[②]西方科学技术的推广，武装了我国农业研究的知识分子，促进了他们研究思路、手段的现代化，之后又会成为我国现代农业和生物学知识和学术期刊发展的主要推动力量。

3. 积极主动开展对外交流　中华农学会与国外有关学术团体的学术交往，自成立以来就未中断。早在20世纪20年代，中华农学会就与日本农学会有着较为密切的往来，并在日本设立中华农学会日本分会。中日双方经协商每年互派代表团参观访问。中华农学会曾在1923年末派出5人代表团，应邀参加日本农学会年会。中华农学会1926年在广州举行第六届年会时，日本农学会曾派出代表参加。1931年"九一八"事变爆发，交流活动随之停止。

中华农学会与欧美各国的对口学术团体也保持着相互交流。中华农学会美洲分会1925年成立，张继忠任总干事。中华农学会20世纪30年代还在英国和德国设置了驻该国干事。在抗日战争时期，梁希作为中华农学会的创始人之一，曾经积极联络英、美、法、加等国科学工作者协会，共同发起筹备世界科学工作者协会。[③]

---

① 赵方田、杨军：《中国农学会史》，上海交通大学出版社，2008年，第23-29页。
② 赵方田、杨军：《中国农学会史》，上海交通大学出版社，2008年，第31-32页。
③ 冯长根：《科学共同体介绍——中国农学会》，《科技导报》，2009年第9期，第83页。

主　要　参　考　文　献

包平，2007. 二十世纪中国农业教育变迁研究［M］. 北京：中国三峡出版社．

贝尔纳，1982. 科学的社会功能［M］. 北京：商务印书馆．

曹幸穗，1986. 抗日时期的中华农学会——（附录）抗日时期各届学术年会论文目录［J］. 中国农史（04）：79 - 88.

陈方济，1947. 三十年来之中华农学会［J］. 中华农学会通讯（79 - 80）：6.

陈嵘，1936. 中华农学会成立二十周年概况［J］. 中华农学会报（155）：1.

董维春，邓春英，袁家明，2014. 金陵大学农学院若干重要史实研究［J］. 中国农史，33（06）：128 - 137.

董维春，袁家明，刘晓光，2021. 二十世纪前半叶农业与生物类学会主办的学术期刊考略——以中央大学和金陵大学为主线［J］. 中国农史，40（01）：43 - 55.

范晓锐，冯立昇，2019. 中国动物学会的成立及其早期活动（1934—1949）［J］. 自然辩证法通讯，41（10）：56 - 63.

傅沛珍，1998. 纪念中国植物学会成立六十五周年［J］. 植物学通报（05）：74 - 75，16.

蒋耀，张季高，1985. 回顾"中国农业工程学会"的建立与发展［J］. 农业工程学报（01）：2 - 3.

李君凯，1987. 党的十一届三中全会以来中国农学会的工作与成就［J］. 中国农学通报（03）：5 - 13.

李长复，1993. 中国植物学会主办的期刊及其演变［J］. 植物杂志（05）：47.

林文照，1982. 中国科学社的建立及其对我国现代科学发展的作用［J］. 近代史研究（03）：216 - 233.

南京农业大学发展史编委会，2012. 南京农业大学发展史（人物卷）［M］. 北京：中国农业出版社．

南京农业大学园艺学院，2018. 南京农业大学园艺学院院史［M］. 北京：中国农业出版社．

裴鉴，1948. 中国植物学会［J］. 科学大众，4（6）：266 - 268.

任鸿隽，1983. 中国科学社社史简述［J］. 中国科技史料（01）：2 - 13.

沈隽，1990. 中国园艺学会六十年回顾（1929—1989）［J］. 园艺学报（01）：1 - 3.

孙健，1999. 中国经济通史［M］. 北京：中国人民大学出版社．

王良镭，何品，2020. 中国科学社档案资料整理与研究·年会记录选编［M］. 上海：上海科学技术出版社.

王思明，2007. 中华农学会与中国近代农业［J］. 中国农史（04）：3-7.

王业遴，曹寿椿，1997. 国立中央大学农学院园艺系简史［J］. 中国农史（04）：79-89.

吴福桢，1987. 中华农学会的早期科学事业活动回忆［J］. 中国农学通报（03）：23.

吴觉农，1980. 中华农学会——我国第一个农业学术团体［J］. 中国科技史料（02）：78-82.

肖蕾，2014. 民国时期的中国植物学会［J］. 河北北方学院学报（社会科学版），30（03）：43-47，63.

袁家明，卢勇，董维春，2017. 中央大学农学院若干重要史实研究［J］. 中国农史，36（04）：123-136.

张芳，王思明，2011. 中国农业科技史［M］. 北京：中国农业科学技术出版社.

张剑，1997. 中国科学社组织结构变迁与中国科学组织机构体制化［J］. 近代中国（00）：117-140.

张丽阳，2012. 民国时期的中华农学会研究［D］. 沈阳：东北大学.

赵方田，杨军，2008. 中国农学会史［M］. 上海：上海交通大学出版社.

郑作新，1964. 中国动物学会三十年简史（1934—1964）［J］. 动物学杂志（06）：241-243.

郑作新，1985. 中国动物学会五十年［J］. 中国科技史料（03）：44-50.

中国畜牧兽医学会，1992. 中国近代畜牧兽医史料集［M］. 北京：农业出版社.

中国历史第二档案馆，1979. 中华民国史档案资料汇编（第一辑）［M］. 南京：江苏人民出版社.

中国林学会，2017. 中国林学会百年史（1917—2017）［M］. 北京：中国林业出版社.

中国植物学会，1985. 中国植物学会五十年［J］. 中国科技史料（02）：50-55，49.

周邦任，费旭，1994. 中国近代高等农业教育史［M］. 北京：中国农业出版社.

致　　谢

　　本书是在江苏省社会科学基金项目（17LSD002）"中大农学院创立的近代农业与生物类学会历史考证"、教育部新农科研究与改革实践项目"新农科建设改革与发展研究"和江苏省 2020 年度高校哲学社会科学研究重大项目（2020SJZDAWT06）"江苏省高校新农科改革与建设研究"等项目研究成果基础上完成的。在项目研究和书稿撰写过程中，得到江苏省哲学社会科学规划办公室、江苏省教育厅和南京农业大学人文社科处的大力支持，谨此致谢！

　　在史料收集和整理过程中，承蒙中国第二历史档案馆、南京大学档案馆、吉林大学档案馆、东北农业大学档案馆、农业农村部南京农业机械化研究所、中国科学院南京土壤研究所图书馆、南京农业大学图书馆（文化遗产部）及其档案馆与校史馆、南京农业大学中华农业文明研究院、南京农业大学中华农业文明博物馆、南京农业大学公共管理学院、《中国农业教育》杂志社等机构协助和支持，特此致谢！

　　感谢南京大学档案馆王雷老师，南京农业大学档案馆陈少华老师，南京农业大学人文与社会发展学院卢勇教授、朱冰莹副教授、殷志华老师对本研究的支持，感谢南京农业大学公共管理学院教育经济与管理学科研究生姜璐、梁琛琛、董文浩、文习成、张浩男、刘芳等同学和人文与社会发展学院崔逸豪等同学参与资料收集整理工作。

著 者 简 介

1. 董维春: 管理学博士, 南京农业大学副校长兼研究生院院长, 公共管理学院教育经济与管理学科教授、博士生导师, 兼任中国农学会教育专业委员会副主任委员、中国高等教育学会高等农林教育分会副理事长、江苏省高等教育学会副会长、教育部新农科建设研究实施组副组长、《中国农业教育》主编等。长期从事高等教育管理、高等农业教育发展史、学位与研究生教育、研究型大学与知识创新等领域研究, 先后在《高等教育研究》《中国高教研究》《学位与研究生教育》《中国农史》《中国农业教育》和《南京农业大学学报(社会科学版)》等刊物发表论文 100 多篇。曾获国家级高等教育教学成果二等奖、中国学位与研究生教育学会研究生教育成果二等奖和学术贡献奖等。

2. 刘晓光: 管理学博士, 南京农业大学公共管理学院副院长, 教育经济与管理学科副教授、硕士生导师, 兼任江苏省高教学会教育经济研究委员会副秘书长、中国教育发展战略学会理事等。从事高等教育管理、高等农业教育等领域研究, 先后在《中国高教研究》《中国农史》《中国人口·资源与环境》《南京农业大学学报(社会科学版)》《江苏高教》《高教探索》《中国农业教育》和《高等农业教育》等刊物发表论文 50 多篇。曾获国家级高等教育教学成果二等奖、江苏省哲学社会科学优秀成果三等奖、江苏省社科应用研究精品工程优秀成果一等奖、江苏省高等教育科学研究优秀成果奖三等奖等。

3. 朱世桂：科技史博士，研究员，南京农业大学图书馆（文化遗产部）党总支书记，人文与社会发展学院农村发展专业学位硕士生导师，兼任中国农学会农业文化遗产分会理事、江苏省农史研究会监事、江苏茶叶协会（学会）常务理事、江苏省高校档案研究会常务理事、江苏省口述史研究会理事等。长期从事农业科技与历史文化的教学、科研、管理等，其中较关注茶叶科教与文化推广。在《农业科技管理》《科技管理研究》《农业考古》和《南京农业大学学报（社会科学版）》等刊物发表文章近 60 篇，撰（编）写出版《江苏农业科技中长期发展战略研究》《茶文化学》等著作。曾获江苏省社科应用研究精品工程成果一等奖、第六届"江苏省优秀科技工作者"等多项荣誉。

4. 袁家明：科技史博士，南京农业大学校长办公室副主任，副研究员，硕士生导师，兼任江苏省农史研究会第四届理事会理事。从事农业科技史、高等教育管理、高等农业教育史等领域研究，博士学位论文《近代江南地区灌溉机械推广应用研究》以专著形式出版，并被收录进《中华农业文明研究院书库》。先后在《中国农史》《中国农业教育》《南京农业大学学报（社会科学版）》等刊物发表论文近 20 篇，论文《近代江南新型灌溉经营形式——"包打水"研究》被中国人民大学书报资料中心刊物《中国近代史》收录。曾获中国农学会教育专业委员会第四届优秀论文二等奖、江苏省第八届高等教育科研成果三等奖（排名第二）等。

5. 高俊：管理学硕士，南京农业大学图书馆（文化遗产部）馆员。曾参与老科学家（金善宝）成长资料采集工程项目，长期从事校史人物档案、档案信息化等方面的研究。